高职高专智能控制技术专业系列教材

组态控制技术及应用

(RSView32)

主　编　李金霞　王金祥

西安电子科技大学出版社

内 容 简 介

本书主要以美国罗克韦尔公司的 MicroLogix 1500 系列 PLC 作为控制器，利用 RSView32 进行上位机监控界面的设计。

书中从实际应用的角度出发，设置了 5 个学习情境，这 5 个情境分别是电动机运行监控系统人机界面的设计、水箱水位监控系统人机界面的设计、交通灯控制系统人机界面的设计、触摸屏远程监控电机运转人机界面的设计和基于 RSView32 组态软件的控制实训。

本书由浅入深全面讲述了 RSView32 组态软件的使用方法，力求将“学、练、做”结合为一体，注重实用性，可作为职业院校智能控制技术、机械制造及自动化、机电一体化技术、电气自动化等相关专业的教材，也可供相关工程技术人员参考使用。

图书在版编目(CIP)数据

组态控制技术及应用：RSView32 / 李金霞，王金祥主编. —西安：西安电子科技大学出版社，2021.1
ISBN 978-7-5606-5944-2

Ⅰ. ①组… Ⅱ. ①李… ②王… Ⅲ. ①自动控制—应用软件—高等职业教育—教材
Ⅳ. ①TP273

中国版本图书馆 CIP 数据核字(2020)第 265338 号

策划编辑 秦志峰
责任编辑 高 媛 秦志峰
出版发行 西安电子科技大学出版社(西安市太白南路 2 号)
电　　话 (029)88242885 88201467　　邮　　编 710071
网　　址 www.xduph.com　　电子邮箱 xdupfxb001@163.com
经　　销 新华书店
印刷单位 咸阳华盛印务有限责任公司
版　　次 2021 年 1 月第 1 版　2021 年 1 月第 1 次印刷
开　　本 787 毫米×1092 毫米 1/16　印 张 9.5
字　　数 222 千字
印　　数 1～2000 册
定　　价 25.00 元
ISBN 978 - 7 - 5606 - 5944 - 2 / TP

XDUP 6246001-1

前　言

在高职院校的教学中，要求对控制类课程以现场工作过程为课程设计基础，注重培养学生的实际操作能力，因此对自动控制类课程提出了新的要求。组态控制技术及应用就是利用专业工控软件进行系统设计的。这些软件提供了大量工具包供设计者组合使用，因此被称为组态软件。利用组态软件，工程技术人员可以方便地进行监控画面的制作和程序编制。

本书以美国罗克韦尔公司的 RSView32 组态软件为开发环境，采用情境教学的方法，设计了 5 个学习情境，引导学生在情境教学中有计划地对组态技术的相关知识进行学习，采用典型的基于工作过程的“做中学、学中做”教学方法。通过利用实训室设备进行实践操作，学生能够掌握罗克韦尔的 PLC 和组态软件的使用方法。

全书共 5 个学习情境。学习情境 1 以电动机运行监控系统人机界面的设计为例介绍了组态软件的使用和组态控制技术的应用，主要介绍工程的建立、设备连接、数据库建立、主画面的设计和运行画面的调试，重点介绍开关量的采集与控制。学习情境 2 以水箱水位监控系统人机界面的设计为例介绍了组态控制技术的应用，对学习情境的知识点进行了巩固，重点介绍模拟量的采集与控制，以及趋势曲线、报警和报表数据的分析方法，使学生学会对现场工作状态进行分析；通过建立具有不同权限的账户，来保证不同人员进行界面操作的安全性。学习情境 3 以交通灯控制系统人机界面的设计为例介绍了组态控制技术的应用，本学习情境以学生为主、教师为辅，结合前两个学习情境重点介绍表达式和条件语句的编写方法，同时引入了衍生标记的使用，实现了车辆的正常行驶。学习情境 4 以 PanelView Plus 600 触摸屏的使用为例拓展了不同组态软件的使用方法，本学习情境采用了 RSView Studio 组态软件，同时把组态软件设计的界面下载到触摸屏中，从而在触摸屏中能直接操作。学习情境 5 提供了 7 个常用的实训项目，供学生进行独立设计与调试训练。

本书由天津工业职业学院李金霞、王金祥任主编，李金霞负责全书的组织、统稿工作。其中学习情境 2、学习情境 3 和学习情境 5 由李金霞编写，学习情境 1 和学习情境 4 由王金祥编写。

本书在编写过程中得到了编者所在单位领导、同事和企业工程人员的大力支持，在此表示感谢。由于编者水平有限，书中难免存在不足之处，恳请读者批评指正。

编　者

2020 年 8 月

目　录

学习情境 1

电动机运行监控系统人机界面的设计

电动机是工业生产中最常见的电气设备之一，也与我们每个人的日常生活息息相关，因此，保证电动机的正常运行是十分重要的。由于电动机数量众多，且广泛分布于工厂的各个角落，因此随着技术的发展，传统人工监视和现场操作电动机的方式已经逐步被集中监控和远程操作的方式取代。工业生产现场的操作方式变化如图 1.1 所示。

(a) 现场操作

(b) 远程集中监控操作

图 1.1　工业生产现场的操作方式变化

远程集中监控操作方式主要通过具备控制功能的计算机主机，如可编程逻辑控制器(PLC)、工业控制计算机(IPC)和组态软件的组合应用来实现。

1. 组态软件的概念及其应用

组态软件是一种面向工业自动化的通用数据采集和监控软件，亦称为人机界面(Human-Machine Interface, HMI)，在国内俗称“组态软件”。

“组态”的含义是“配置”“设定”，是指用户通过类似“搭积木”的简单方式来完成自己所需要的软件功能，并不需要掌握复杂的编程语言。

通过组态软件设计的人机界面，用户能够很容易地实现对自动化过程和状态的监视和控制，能从自动化过程中采集各种信息并将这些信息以图形化等更易于理解的方式显示，还可以对信息进行必要的处理和存储等操作，也可以发出控制指令等，使相关人员直观地掌握生产过程的状态并实现远程操控功能。

实际的工业生产中，越来越多的生产过程是通过组态软件进行远程操作和监控的，这些组态软件的界面可以部署在主控室中，也可以部署在现场的触摸屏等移动设备上。典型的监控界面如图 1.2 所示。

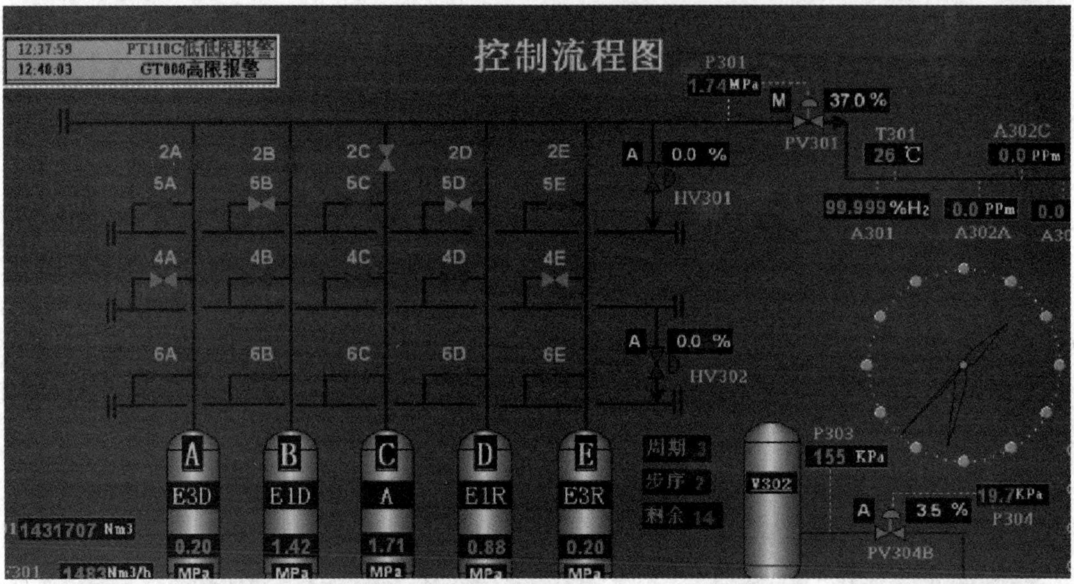

图 1.2　工业生产现场实际的组态监控界面

组态软件产品于 20 世纪 80 年代初出现，并在 20 世纪 80 年代末期进入我国。在 20 世纪 90 年代中期之前，组态软件在我国的应用并不普遍，随着工业控制系统应用的深入，控制系统的规模更大、控制更复杂，人们逐渐意识到原有的上位机编程方式费时费力、得不偿失，同时，MIS(Management Information System，管理信息系统)和 CIMS(Computer Integrated Manufacturing System，计算机集成制造系统)的大量应用，要求工业现场为企业的生产、经营、决策提供更详细和深入的数据，以便优化企业生产经营中的各个环节。因此，在 1995 年以后，组态软件在国内的应用逐渐得到了普及。目前，国内主要应用的组态软件包括国外公司出品的 InTouch、iFiX、Citech、WinCC、RSView、Cimplicity、LabVIEW，以及国内公司出品的组态王(KingView)、ForceControl(力控)和 MCGS 等。

2. RSView32 组态软件简介

RSView32 是一款功能丰富的组态软件，具备强大的功能库，可以设计出符合工业现场监控要求、简明易懂的人机界面。RSView32 软件包括开发版(Works)和运行版(Runtime)。开发版包括开发和运行软件，用户可使用这个软件开发和运行 RSView 应用程序；运行版仅包含运行软件，用户可使用这个软件运行在 RSView 开发版下所开发的应用程序。

RSView32 主要包括以下功能：

(1) 图形与动画设计功能。RSView32 提供的绘图工具可以生成图形对象或文本，RSView32 也可以使用其他绘图软件如 AutoCAD 和 CorelDRAW 生成的对象，利用动画控制功能激活这些图形对象以反映出过程的变化。

(2) 监视和报警功能。报警功能在工业监控过程中扮演着极为重要的角色。通过在人机界面中提供的报警信息，并以不同的颜色表示不同的报警严重性等级，操作员可以获悉系统的运行状态及故障状况。通常情况下，可以根据需要将各类开关量和模拟量设置为允许报警，并创建报警汇总窗口，在窗口中按照时间顺序或严重性等级显示和过滤报警信息，以便操作员及时发现。

(3) 日志记录功能。RSView32 在运行过程中可以记录系统信息。日志信息包括动作日志、报警日志、数据日志等。所有日志信息保存为.DBF 格式，且能在第三方软件如 Microsoft Excel、Crystal Report 和 FoxPro 中使用。

(4) 事件检测功能。事件是可以触发动作的 RSView 表达式。利用事件检测能使监控系统对系统和过程中的事件进行自动响应。

3. 电动机运行监控系统人机界面设计项目概述

1) 项目主要目的

在本学习情境中，通过使用 RSView32 组态软件为工厂的电动机设计监控人机界面并利用该界面实现远程控制电动机启动和停止的过程，学习工业现场组态控制的实现方式，以及上位机监控人机界面的设计方法。

2) 项目背景

某化工厂的供水泵站内有三台循环水泵，每台水泵均由一台三相交流异步电动机(电机)拖动，如图 1.3(a)所示。电动机额定电压为 380 V，采用全压直接启动方式，由工人在现场手动进行启/停操作并定期巡检。现场配电箱内为每台水泵配备了“启动”和“停止”两个按钮控制电动机启动和停止，以及“运行”和“停止”两个指示灯显示电动机运行状态。

为提高系统的运行效率，工厂将该水泵站纳入全厂的集中监控系统，集中监控主控室如图 1.3(b)所示。改造后，三台水泵电动机由车间内的一台 MicroLogix 1500 PLC 进行控制，使用由 RSView32 组态软件设计的人机界面进行远程启/停操作和运行状态监控，PLC 与人机界面所在的工控 PC(Personal Computer)直接连接。为便于技术人员了解生产状况和处理生产事故，人机界面对电动机每次正常启/停操作和故障停机事件发生的时间均进行记录。

(a) 现场的电动机　　(b) 集中监控主控室

图 1.3　现场的电动机及集中监控系统

3) 项目的条件

在此项目中，主要使用的硬件有：

(1) PC(一台)：上位机，主要运行系统中所需的软件。

(2) 可编程控制器 MicroLogix 1500(一台)及配套串口通信线缆，主要对电动机进行实时控制，并与上位机进行通信，由上位机进行编程及 PLC 状态监控。

在此项目中，主要使用的软件有：

(1) RSLinx：罗克韦尔网络通信软件，主要实现系统的网络组态。

(2) RSLogix500：罗克韦尔编程软件，主要对可编程控制器 MicroLogix 1500 进行编程。

(3) RSView32：罗克韦尔组态软件，主要实现系统的监视和控制。

4) 项目的预期目标

该项目使用 RSView32 组态软件设计电动机运行监控系统人机界面，其中对一台电动机进行监控的界面如图 1.4 所示。

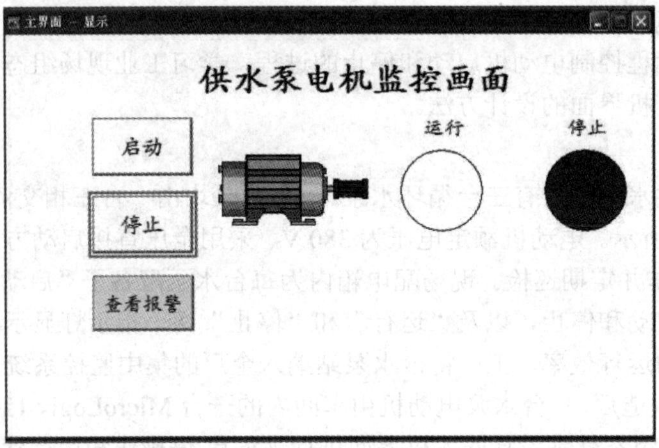

图 1.4　电动机运行监控系统人机界面

该监控界面的主要功能有：

(1) 远程控制电动机的启动和停止；

(2) 实时监控电动机的运行/停止状态；

(3) 记录并存储一定时间内的电动机启动和停止事件。

5) 项目实施的流程

利用组态软件进行组态控制项目设计的流程如下：

(1) 根据控制目标设计 PLC 控制程序。

(2) 配置人机界面与 PLC 之间的通信连接，使人机界面控制程序和 PLC 之间可以进行双向数据传输。

(3) 在人机界面程序中创建必要的变量数据库，用于和 PLC 各个变量间的连接，以及实现人机界面中的特定功能。

(4) 创建图形化的人机界面，用于实现系统运行状态监视、设备远程控制、报警事件记录、历史数据显示等功能。

(5) 将人机界面中的图形元素和数据库中的变量进行关联，并添加控制功能效果和动画显示效果。

(6) 运行 PLC 控制程序和人机界面程序，观察运行效果，反复修改控制功能效果和动画显示效果，直至实现预设目标。

任务 1　PLC 程序的设计

任务描述

使用 RSLogix500 软件对可编程控制器 MicroLogix 1500 进行编程，实现下列控制目标：

(1) 按下供水泵电动机的“启动”按钮，电动机启动并拖动水泵连续运行；

(2) 按下供水泵电动机的“停止”按钮，电动机及供水泵停止运行；

(3) 按下监控人机界面上的“启动”按钮，电动机启动并拖动水泵连续运行；

(4) 按下监控人机界面上的“停止”按钮，电动机及供水泵停止运行。

任务分析及相关知识点

本任务中，控制器为 MicroLogix 1500 PLC，控制对象为供水泵电动机，PLC 的输出侧接入一个 24 V DC 继电器 KA 的线圈，由继电器 KA 的常开触点驱动交流接触器 KM 的线圈，最终由接触器主触点控制电动机的运行和停止。

1. 就地操作模式下的 PLC 程序分析

对于现场操作方式，其 PLC 控制程序中的输入元件分别为 SB1 和 SB2，对应的地址分别为 I:0/0 和 I:0/1，输出元件为 KA，对应的地址为 O:0/0，电动机为连续运行，因此其 PLC 控制程序如图 1.5 所示。

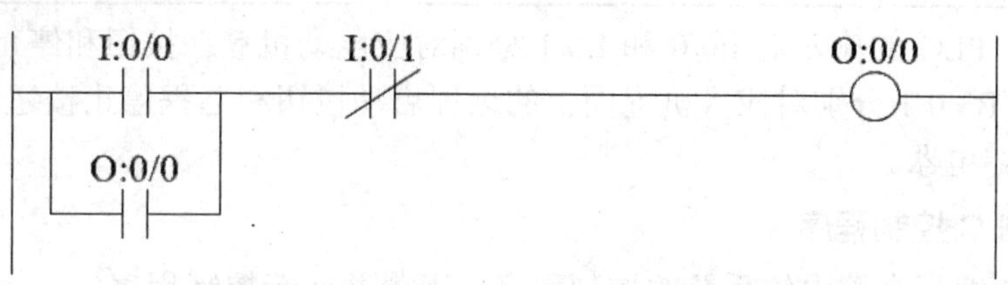

图 1.5　现场操作方式下的电动机启动和停止控制 PLC 程序

2. 远程操作模式下的 PLC 程序设计

由于任务需要将现场操作方式改为集中监控方式，而 PLC 的输入端各个端子和输出端各个端子均与实际电路相接，人机界面只能对这些端子的数据进行读操作，而不能直接进行写操作，因此，需要原有 PLC 控制程序中的输入元件部分新增其他的输入环节，该环节可以直接由人机界面进行读/写操作，以实现远程操作的目标。

对于通用 PLC，其内部辅助寄存器可以直接由人机界面进行读操作和写操作。因此，在本控制任务中使用 MicroLogix 1500 PLC 的 B3 辅助寄存器，通过控制辅助寄存器的某些位的数值，实现远程控制目标。

根据任务目标，这里选择 B3:0/0 和 B3:0/1 两个辅助寄存器位，分别用来实现远程启动和远程停止电动机的功能，这两个辅助位均由人机界面直接控制。添加了远程控制功能的 PLC 程序如图 1.6 所示。

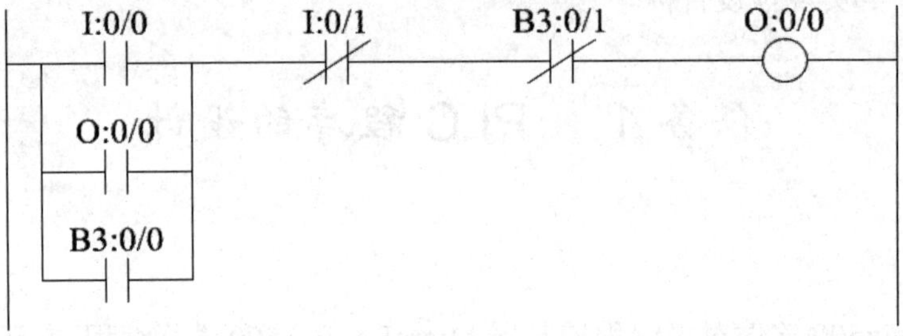

图 1.6　现场操作+远程操作组合方式下的电动机启动和停止控制 PLC 程序

任务实施

1. 建立变量表

打开 RSLogix500 软件，建立工程文件，根据系统要求建立相应的变量表，供水泵电动机控制系统变量表如表 1.1 所示。

表 1.1　供水泵电动机控制系统变量表

变量符号	I/O 地址	功能注释
SB1	I:0/0	电动机启动按钮
SB2	I:0/1	电动机停止按钮
SBR1	B3:0/0	人机界面远程启动按钮
SBR2	B3:0/1	人机界面远程停止按钮
KA	O:0/0	供水泵电动机控制继电器

表 1.1 中，PLC 的输入端 I:0/0 和 I:0/1 分别对应电动机启动按钮和停止按钮，辅助寄存器 B3:0/0 和 B3:0/1 分别对应人机界面上的远程启动按钮和远程停止按钮，KA 对应控制电动机运行的继电器。

2. 编写 PLC 控制程序

按照图 1.6 编写水箱水位系统的控制程序，下载并运行控制程序。

3. 观察程序的运行结果

在 RSLogix500 软件中，手动切换 B3:0/0 和 B3:0/1 两个辅助寄存器的值，观察 PLC 的输出和继电器 KA 的线圈动作是否正常。

任务 2　建立组态软件 RSView32 与 PLC 的通信连接

任务描述

在组态软件 RSView32 和 MicroLogix 1500 PLC 之间配置通信驱动并建立通信连接，使 RSView32 能实时对 PLC 内部各个变量的状态进行读/写操作，为后续使用人机界面控制 PLC 内部变量做好必要的准备。

任务分析及相关知识点

组态软件生成的人机界面上通常集成有启动停止、显示监控、调节设定等诸多“软按钮”，通过与 PLC 通信，把控制要求转换成控制命令输送给 PLC。PLC 接到命令后，根据 PLC 内的程序通过循环扫描运行来执行控制要求，PLC 再输出开关信号、模拟信号或脉冲信号到实际的继电器、电磁阀、伺服电动机等执行设备，最终使控制对象产生动作。在这个过程中，组态软件通过与 PLC 的实时通信进行双向数据交换，监控 PLC 内各种寄存器的状态，从而转换成组态软件上的各种设备的运行状态，比如电动机启/停显示、报警显示、速度显示和温度压力显示等。因此，通信过程的畅通是人机界面实现远程监控目标的基础。

1. 组态软件和 PLC 之间的通信方式

组态软件和 PLC 之间的通信连接有多种方式，常见的方式有直接连接和服务器/客户端连接方式等。

直接连接是指组态软件和 PLC 之间进行一对一直接数据交换，无论上位机是否处于局域网中，都可以直接和 PLC 进行一对一通信。该连接方式通常适用于上位机直接控制 PLC 的工业网络环境中。

如果需要多台上位机同时访问 PLC 内部的数据，例如在采用工程师站+操作员站的集中控制环境中，通常采用服务器/客户端模式。在该模式下，系统中有一台或多台服务器用于和 PLC 进行直接数据交换并将数据存储在特定的存储单元中，若干个客户端通过访问服务器中这些特定的存储单元实现和 PLC 进行间接数据交换。

2. RSView32 组态软件和 PLC 之间的通信设置

MicroLogix 1500 PLC 和 RSView32 组态软件之间的通信需要使用 RSLinx 通信软件。在 RSView32 中进行通信配置前，需要先在 RSLinx 软件中完成上位机与 PLC 之间的通信。

在 RSView32 软件中设置人机界面和 PLC 之间的通信方式时，主要设置通道(Channel)和节点(Node)。

1) 通道的设置

通道是指 RSView32 与相应的控制器连接的方式、网络类型等。该通信设置最多支持 4 个数据通道。通道的设置界面如图 1.7 所示。

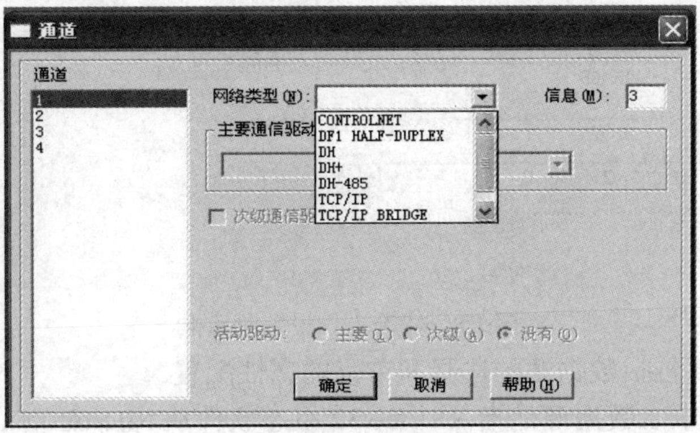

图 1.7　“通道”设置对话框

网络类型(Network)的设置取决于连接的处理器所连接的网络类型，可选的网络类型有DF1半双工、DH＋、DH485、ControlNet及TCP/IP等，注意要与使用RSLinx组态网络时用到的处理器所使用的驱动类型保持一致。

各个可选的网络类型对应的通信方式如表1.2所示。

表1.2　网络类型与设备连接方式对应关系表

设备连接方式	网络类型
与ControlNet网络中的可编程控制器通信	ControlNet
与本地或远程DH网络中的可编程控制器通信	DH
与本地或远程DH+网络中的可编程控制器通信，或与远程DH-485网络的SLC控制器通信，或连接到增强PLC的通道0	DH+
与本地DH-485网络的SLC控制器通信，或使用RS-232端口连接到SLC	DH485
与直接连接到TCP/IP网络的Ethernet可编程控制器通信，或与SoftLogix 5控制器通信，或与SLC 5/05控制器通信	TCP/IP
通过Pyramid Integrator或RSLinx网关的以太网接口与可编程控制器通信	TCP/IP桥接
不使用该通道或清除通道配置	没有装载

在本学习情境中，MicroLogix 1500 PLC和RSView32组态软件所在的上位机之间使用RS-485总线进行一对一直连，因此，在网络类型选项中需要使用DH-485，主要通信驱动方式使用AB_DF1驱动方式。如果采用PLC仿真器RSEmu500，则网络类型选用DH-485，相应的主要网络驱动需要选择EMU500。

2) 节点的设置

节点是处理器的地址、类型等，通过设置通道和节点来确定RSView32具体和网络中的哪台控制器相连接。节点的设置界面如图1.8所示。

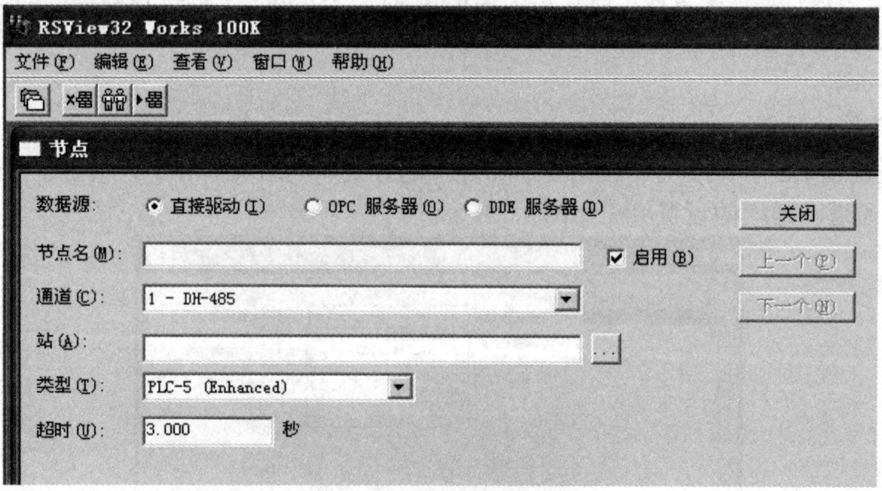

图1.8　“节点”设置对话框

节点的设置主要包括数据源的选择和节点的属性配置。

(1) 数据源的选择。数据源是指RSView32组态软件从MicroLogix 1500控制器中读取数据的方式，有3种可选项，分别为直接驱动(Direct Driver)、OPC服务器(OPC Server)和

DDE 服务器(DDE Server)。

① 直接驱动方式。直接驱动是指组态软件与控制器进行一对一直接数据交换，通常用于上位机和控制器直接连接的情况。

② OPC 服务器方式。OPC 是 OLE for Process Control 的简称，即用于过程控制的 OLE，使用服务器/客户端模式。OLE 或对象链接和嵌入是 Windows 的早期构建块，允许应用程序之间共享复杂的信息。OPC 的目标是消除自动化软件和硬件平台之间互操作性的障碍，可以将 OPC 服务器看作协议转换器。OPC 服务器使用设备的专用协议与设备通信，然后使用 OPC Classic 和 OPC UA 规范定义的标准化格式提供对该数据的访问。

需要注意的是，如果使用 PLC 仿真器 RSEmu500 进行仿真操作，需要使用 OPC 服务器模式，由 RSLinx 中的实时数据库作为 OPC 服务器。

③ DDE 服务器方式。DDE 是动态数据交换(Dynamic Data Exchange)的简称，是 Microsoft Windows 运行环境下的一个显著特性，使用服务器/客户端模式。通过动态数据交换协议，应用程序之间可以使用共享内存来实现进程之间的数据交换以及使用 DDE 协议获得传递数据的同步。使用 DDE 通信需要两个 Windows 应用程序，其中一个作为服务器处理信息，另外一个作为客户机从服务器获得信息。

(2) 节点的属性配置。在直接驱动方式下，还需要完成下面的各项设置：

① 节点名(Name)。节点名是用户为人机界面连接的可编程控制器、网络服务器或 Windows 程序定义的名称。节点名允许输入最多 40 个大小写字母、数字和下划线，不允许有空格。

② 通道(Channel)。该选项要求实际使用的通道序号与“通道”编辑器设置完成的通道保持一致。如果该通道未经设置，在下拉列表中会有<Unassigned>标志。

③ 站(Station)。该选项对应通信通道内可编程控制器的物理站地址，地址格式取决于该节点所用通道和网络类型。

④ 类型(Type)。类型选项是指与“站”对应的正在使用的可编程控制器的类型。当该站地址的设置已经在 RSLinx 软件中完成时，可以通过 RSWho 功能完成选择，从 RSWho 窗口里选定一个站时，“站”和“类型”框将被自动填写。RSView32 用 PLC-5(增强型)替换所有 PLC-5 系列设备类型。如果使用 PLC-5/10、5/12、5/15 或 5/25，需要在“类型”框里选择 PLC-5。

⑤ 超时(Timeout)。超时是指在报告通信错误之前 RSView32 等待的时间，单位为秒，取值范围为 0～65 535。系统组成越复杂、通信距离越长，需要设置的值越大，通常情况下 3 s 就足够了。

任务实施

1. 使用 RSLinx 配置驱动程序

(1) 启动 RSLinx(组态与控制器通信所用到的驱动程序)。这里选用 RS-232 DF 1 devices，使 RSView32 和 RSLogix500 进行通信，并将驱动命名为 AB_DF1-1，如图 1.9 所示。

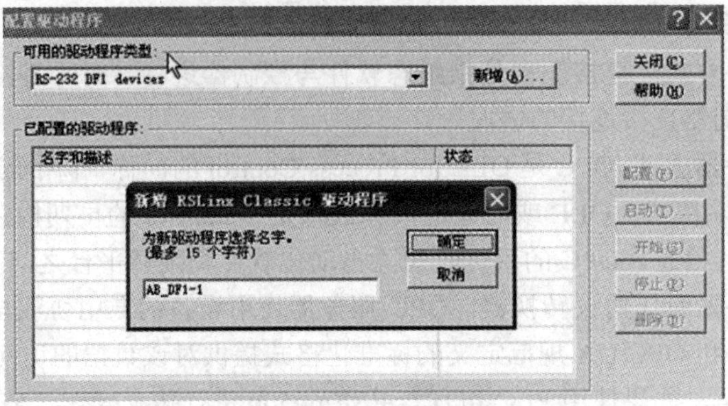

图 1.9　使用 RSLinx 配置通信驱动程序

(2) 选择 PLC 与上位机连接的通信端口，然后单击“自动配置”按钮，如图 1.10 所示。如果通信成功会显示自动组态成功。

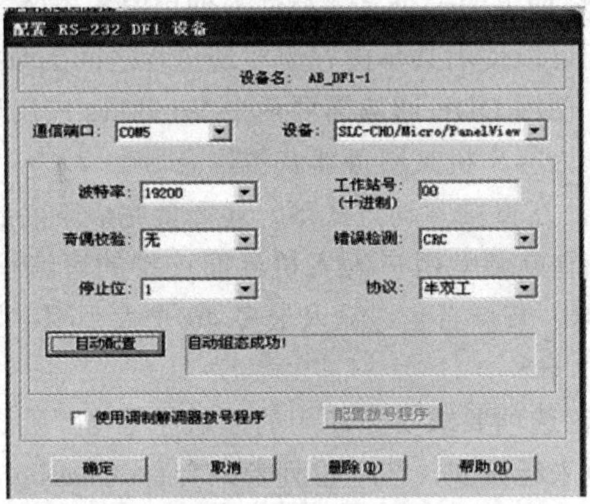

图 1.10　选择通信端口并自动组态通信

2. 创建电动机控制项目

(1) 打开 RSView32 Works 组态软件，单击“文件”菜单下的“新建”按钮，弹出如图 1.11 所示的对话框。

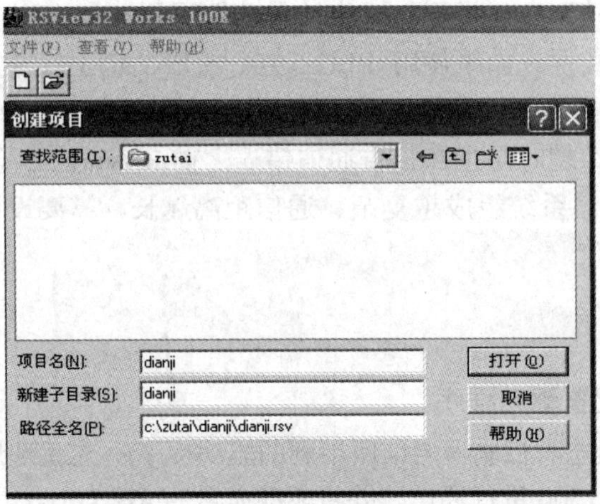

图 1.11　设定项目所在的文件夹

(2) 选择组态项目保存的目录，例如 c:\zutai，在“项目名”输入栏中键入项目名称“dianji”，系统会在“新建子目录”中自动输入同名文件夹，创建 c:\zutai\dianji 子目录，并将项目文件全部保存在此文件夹中。

需要注意的是，在项目完成前，不要剪切、移动或删除目录下的项目文件，否则会造成重大错误。

(3) 完成路径配置后，单击“打开”按钮，弹出如图 1.12 所示的项目管理界面。

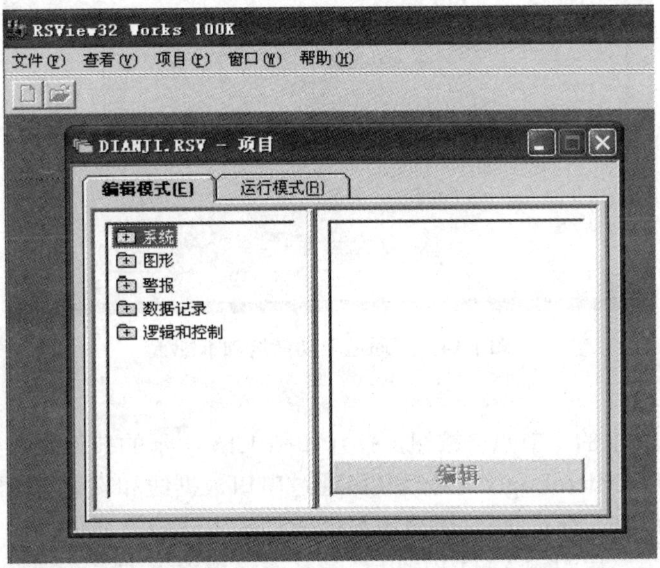

图 1.12　项目管理界面

3. 配置通信通道

(1) 在“编辑模式”选项卡下，单击“系统”前面的展开按钮，出现各个功能选项卡，如图 1.13 所示。

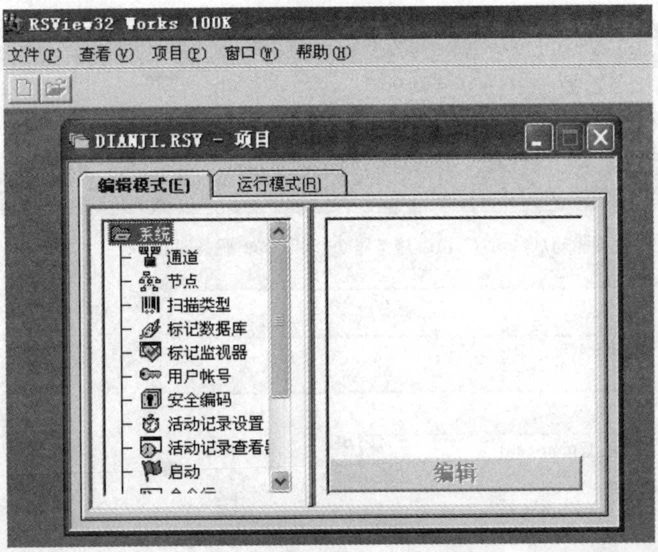

图 1.13　“系统”功能选项卡

(2) 双击“通道”按钮，打开“通道”对话框，选择“通道 1”，网络类型设置为 DH-485，主要通信驱动选择 AB_DF1-1，如图 1.14 所示。完成后单击“确定”按钮，保存设置。

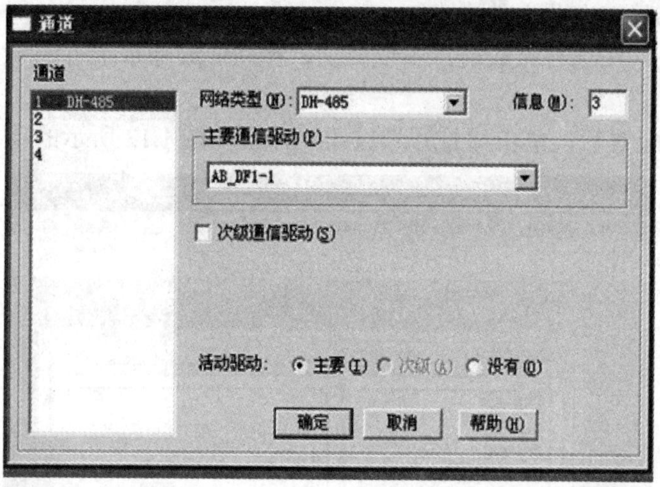

图 1.14　“通道”功能选项卡配置

4. 配置节点

(1) 双击图 1.13 中的“节点”按钮，打开如图 1.15 所示的节点配置界面。根据实际设备配置情况，现场的 MicroLogix 1500 PLC 通过串口数据线和安装了 RSView32 的计算机相连，控制方式为一对一控制，这里采用直接驱动的方式建立通信。

(2) 在“节点名”后的输入框中为 PLC 命名，这里设置为“dianji”。

(3) 在“通道”一栏的下拉菜单中选中图 1.14 中配置完成的通道。

(4) 单击“站”一栏输入框右侧的选择按钮，弹出 RSWho 窗口，在配置好的通道 AB_DF1-1 下选中当前的 MicroLogix 1500 PLC，PLC 的站地址 01 自动填充到“站”一栏的输入框中。节点配置完成后的界面如图 1.15 所示。

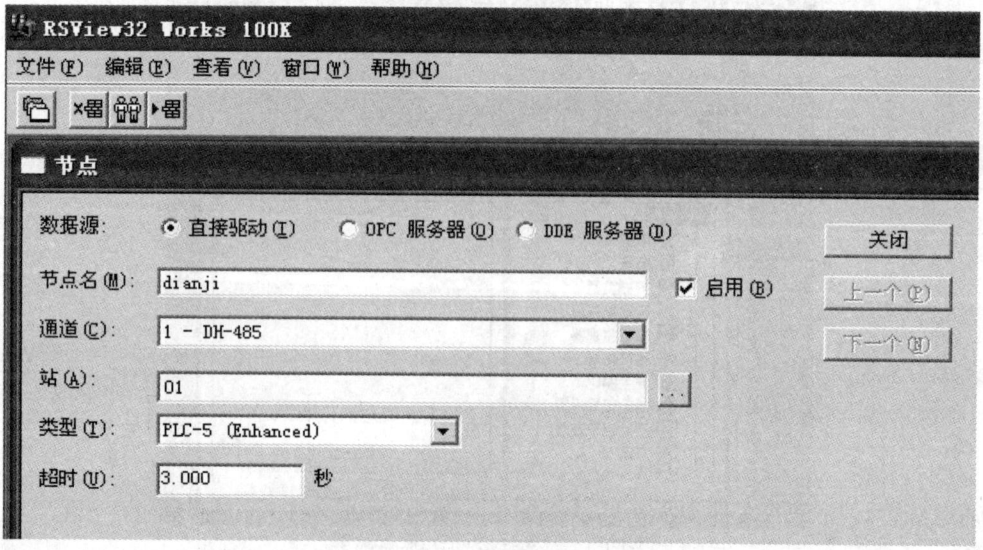

图 1.15　“节点”功能选项卡配置

任务 3　创建标记数据库

任务描述

分析电动机控制系统所用到的变量，建立标记数据库，将 PLC 变量数据库中的各个变量导入至 RSView32 组态项目目录中。

任务分析及相关知识点

1. 标记和标记数据库及其创建

1) 标记和标记数据库的概念

与 PLC 控制程序类似，人机界面控制程序中同样存在着各种类型的变量，用以实现控制程序的特定功能。在 RSView32 中，这些变量称作标记(Tag)，是每一个 I/O 变量或内存变量的逻辑名字，项目中的全部标记组成的集合称为标记数据库，其数值被连接和存储到计算机的内存——数值表(Value Table)中，RSView32 的各个部件可以迅速存取它。

2) 标记和标记数据库的创建

在使用 RSView32 进行组态项目设计的过程中，用户首先需要创建标记数据库。在创建好的标记数据库中，用户可以根据需要定义或创建想要 RSView32 监控的标记，如图 1.16 所示。

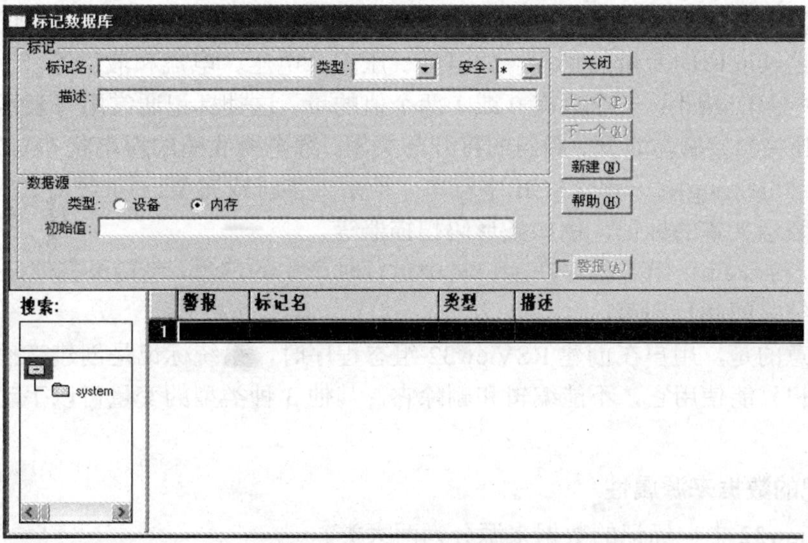

图 1.16　标记属性配置界面

有时，为了方便管理各个标记，特别是项目中涉及的点数较多时，为了区分来自不同设备的标记，可以在标记数据库中将这些标记划分成若干组，每个组单独放在一个文件夹下。确定好标记所在的文件夹后，可以在图 1.16 左下角的文件夹目录树下浏览各个文件夹及其下的各个标记。

2. 标记的属性

将变量添加至标记数据库时，需要对每一个标记的属性进行参数设置，如图 1.17 所示。

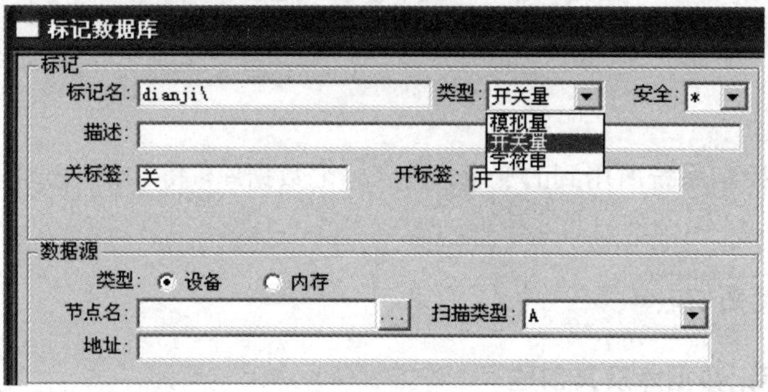

图 1.17　为标记命名并选择类型

标记的属性包括标记名、类型、描述和数据源等。

(1) 标记名。该选项用于为标记命名，其中标记名前方的路径符号表示该标记存放的文件夹位置。

(2) 类型。该选项表示标记的类型是模拟量、开关量还是字符串。

(3) 描述。该选项用于对标记进行注释说明。

(4) 数据源。该选项用于定义标记所关联的数据来源于设备还是上位机内存。

3. 标记的类型属性

在 RSView32 中的标记包括下面 4 种类型：

(1) 模拟量(Analog)：一个可以从最低值到最高值连续变化的量。这类标记用来表示在一定范围内连续取值的变量的状态，如温度、压力、电压、电流和液位等。

(2) 开关量(Digital)：一个只有 0 或 1 两个值的量。这类标记通常用来表示设备的开关状态，例如开关的接通与断开、阀门的打开与关闭、继电器线圈的得电状态与失电状态等。

(3) 字符串(String)：一串 ASCII 字符串、一系列字符或完整语句(最多 82 个字符)。这类标记用来表示文本的标记，例如条形码扫描器等。

(4) 系统(System)：组态程序在上位机中运行时产生的信息，包括报警信息、通信状态、上位机的系统时间和日期等。

需要注意的是，用户在创建 RSView32 组态程序时，系统标记是创建工程时系统自动创建的，用户只能使用它，不能编辑和删除它，其他 3 种类型的变量可以手动创建、编辑和删除。

4. 标记的数据来源属性

在 RSView32 中，标记的数据来源分为两大类。

(1) 设备。此类标记从 RSView32 的外部接收数据，数据来自 PLC 驱动程序或 OPC/DDE 服务器等，直接反映 PLC 等实际控制器中的变量，也叫作 I/O 变量。当实际设备中的变量例如 PLC 的 DI 和 DO 的值发生变化时，这些变量的值同步发生变化，因此主要用于直接反映出现场设备的 I/O 运行状态。一般情况下，组态软件可以支持的设备变量的数量是有限制的，它取决于在购买软件时允许的最大点数，例如 150 点、300 点、1500 点等。

对于 I/O 变量，在图 1.16 所示的标记的数据源类型选项中需要选择“设备”，对于内存变量，则应选择“内存”选项。

当选择“设备”选项后，需要单击“节点名”后方的选择按钮，选择图 1.15 中所设置的节点的名称，然后在地址一栏中设置该变量所对应的 PLC 的 I/O 地址。

(2) 内存。此类标记独立存在于人机界面控制程序中，一般从上位机的内存接收数据，也叫作内存变量。内存变量其数值不直接反映外部实际控制器的状态，而是将外部实际控制器的特定变量经过一定的转换运算后得出，主要用于在人机界面中实现特定的动画效果，提高画面的生动程度。

当人机界面运行后，标记数据库中类型为 I/O 变量的标记的数值可以由所连接的设备不断刷新，类型为内存变量的数值由人机界面程序经过计算后刷新。

例如，当 PLC 控制一条传送带的驱动电动机运行时，人机界面中电动机的颜色由红变绿，同时在传送带上出现一个料块模型沿着传送带移动的动画效果。其中，电动机颜色变化的动画效果与 PLC 的 DO 端控制电动机运行的继电器的开关状态直接相关，属于 I/O 变量；料块移动一段距离的动画效果在 PLC 中没有与之直接对应的变量，而是在上位机内存中由一个内存变量实现，该变量的数值变化影响料块的移动距离，由控制电动机运行的继电器这一 I/O 变量触发动作。

本项目中，需要人机界面关联的 PLC 的各个变量的类型和数据来源如表 1.3 所示。

表 1.3　各个变量的类型和数据来源

序号	标记类型	数据来源	对应的 PLC 变量	对应的 I/O 地址
1	开关量	设备	SB1	I:0/0
2	开关量	设备	SB2	I:0/1
3	开关量	设备	SBR1	B3:0/0
4	开关量	设备	SBR2	B3:0/1
5	开关量	设备	KA	O:0/0

5. 标记状态的监测——标记监视器

标记监视器(Tag Monitor)可以检测通信是否正常工作，显示标记的数值和状态。

标记监视器的创建流程如下：

(1) 在 RSView32 项目管理器中，打开“系统”文件夹，双击“标记监视器”打开标记监视器窗口。

(2) 创建一个标记监视器并命名，在“标记名”一栏里，键入所创建的标记的详细路径(不区分大小写)，然后按回车键，则标记的当前状态将会显示出来，如图 1.18 所示。

图 1.18　标记监视器

任务实施

1. 创建标记数据库

(1) 双击图 1.13 所示项目管理器系统文件夹下面的“标记数据库”，打开标记数据库对话框。

(2) 单击工具栏中的“新建文件夹”按钮，进入“新文件夹”对话框，为新建文件夹命名为“dianji”，将本项目中所有和电动机相关的标记全部创建在该文件夹下，如图 1.19 所示。

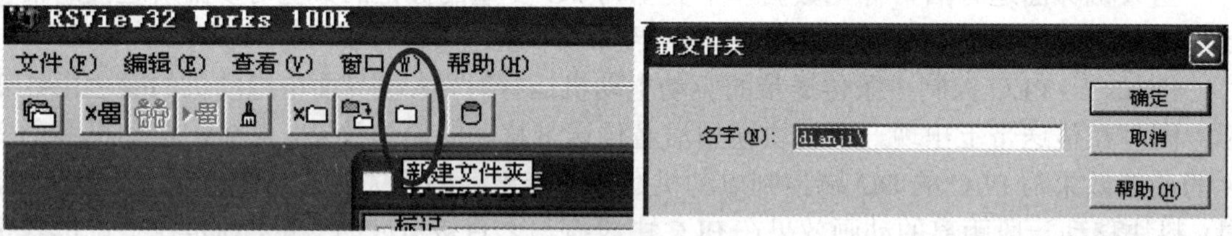

图 1.19　创建标记文件夹

(3) 双击鼠标左键选中创建好的“dianji”文件夹，在图 1.20 所示的标记参数设置界面中将人机界面需要涉及的各个标记添加到标记数据库中的“dianji”文件夹下。每完成一个标记的属性设置或修改，单击“接受”按钮即可将该标记保存至标记数据库中，然后单击“新建”按钮即可添加下一个标记。

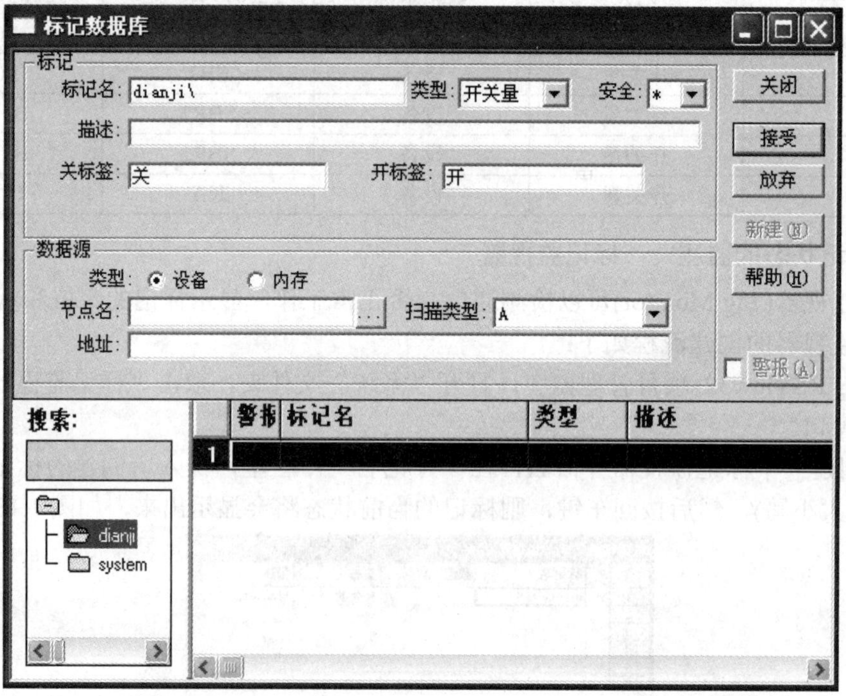

图 1.20　在创建完成的标记文件夹中创建标记并配置参数

各个标记的参数设置如表 1.4 所示。

表 1.4　各个标记的参数设置

序号	标记名	标记类型	描　述	数据源类型	节点名	地址
1	dianji\SB1	数字量	电动机启动按钮	设备	dianji	I:0/0
2	dianji\SB2	数字量	电动机停止按钮	设备	dianji	I:0/1
3	dianji\SBR1	数字量	人机界面远程启动按钮	设备	dianji	B3:0/0
4	dianji\SBR2	数字量	人机界面远程停止按钮	设备	dianji	B3:0/1
5	dianji\KA	数字量	供水泵电动机控制继电器	设备	dianji	O:0/0

2. 创建标记监视器

(1) 创建一个标记监视器，并自定义其名称。

(2) 将表 1.4 中的各个标记名添加到标记监视器界面中的“标记名”一栏中，观察各个标记的状态及系统通信是否正常。

(3) 在 RSLogix 编程界面中在线修改 B3:0/0 和 B3:0/1 两个输入的值，观察这两个输入量对应的标记的数值，以及电动机控制继电器 KA 对应的 O:0/0 的数值及其对应的标记值是否发生变化。

任务 4　供水泵电动机监控系统人机界面的绘制

任务描述

利用 RSView32 进行供水泵监控系统的人机界面设计，要求界面中有能图形化显示电动机运行状态的部件，有能通过人机界面远程控制电动机启动和停止的部件，有能查看电动机启动和停止记录的部件，界面中还应有必要的说明文字。

任务分析及相关知识点

1. 人机界面的特点

人机界面是控制系统和操作员进行人机交互的核心环节，通常以若干个图形界面的形式呈现，每个图形界面又由各种具有控制功能或动画显示功能的组件组成，称为控件。除此之外，通常还辅以必要的文字和图形等，组成一幅能够直观反映被控对象的运行状态，并提供必要的控制功能的监控画面。整个画面可以通过工业计算机的显示器或工业触摸屏进行显示，作为与操作员进行人机交互的界面。

对于实际工业生产中的控制系统，由于生产流程的连续性、复杂性和生产过程中参数的多样性，其生产监控系统通常由多名操作人员同时操作，每一名操作员负责监控的内容也各不相同，因此，实际的组态人机界面通常由多个界面组成。各个界面之间能够便捷地进行切换，并且为不同的操作人员配备了不同的账号、密码等信息。除此之外，人机界面还要有报警信息提示和历史数据追溯功能，当生产出现异常情况时能够及时发出报警、记录异常状态，生产过程中的各个参数的变化趋势以及各类告警信息通常也需要存入历史数据库中并保留一段时间，以便技术人员分析生产运行状况，发现并解决生产过程中可能存在的问题等。

2. 图形界面的创建

在图 1.13 所示的项目管理界面中，双击“图形”按钮，展开图形选项卡，双击“显示”选项卡，系统会弹出一个名为“无标题-显示”的新画面窗口，如图 1.21 所示。

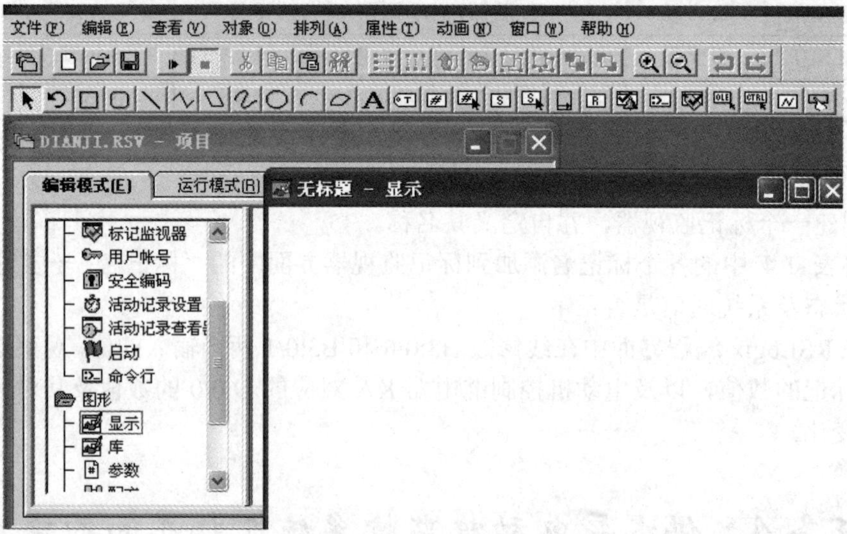

图 1.21　创建新画面

这个画面窗口的空白区域即为绘图区域，在其中可以进行监控界面的设计和配置，拖动画面窗口的标题栏可以在视野内移动整个画面，拖曳画面窗口的右下角可以调整画面的大小。需要注意的是，当前窗口的大小与未来整个画面运行后的大小一致，如果画面内的内容较多，需要将窗口适当扩展以适应整个画面。系统提供的创建常用功能性控件的快捷方式，包括几何图形、文本、输入框、下拉菜单、历史趋势图、按钮等，可以通过界面上的快捷菜单栏调用。

完成界面的绘制后，单击“文件”选项卡中的“另存为”按钮，可以对界面进行存储和命名，保存类型后缀名为 .gfx，如图 1.22 所示。

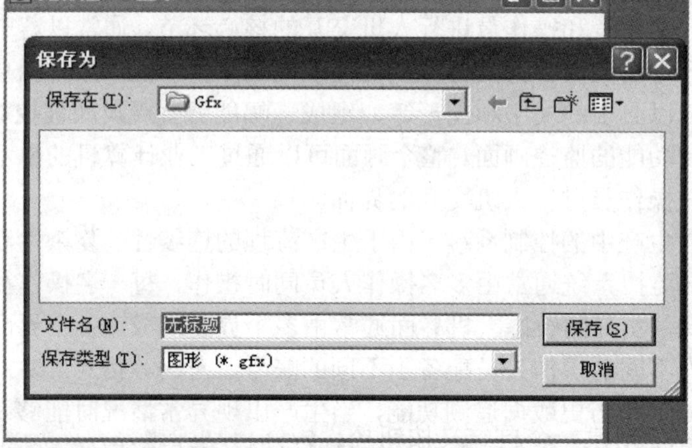

图 1.22　新画面的保存和命名

3. 系统控件库中的控件调用

RSView32 软件集成了种类丰富的控件库，例如电动机、阀门、管道、容器、指示灯等，这些控件自带典型的控制功能或动画显示效果，用户可以根据需要自行调用，也可以利用系统提供的功能性控件自行创建自定义控件并配置其属性、控制功能或动画显示效果，以实现对生产过程进行远程监控的目的。

RSView32 自带的控件库的调用需要单击图 1.21 中“图形”选项卡下的“库”选项卡。需要注意的是，常用的控件在其中分别以其所属类别进行显示，例如电动机控件在“Motors”类别下，如图 1.23 所示。当使用某个控件时，先从该库中复制该控件，然后在绘图区域中粘贴，即可完成该控件的调用。

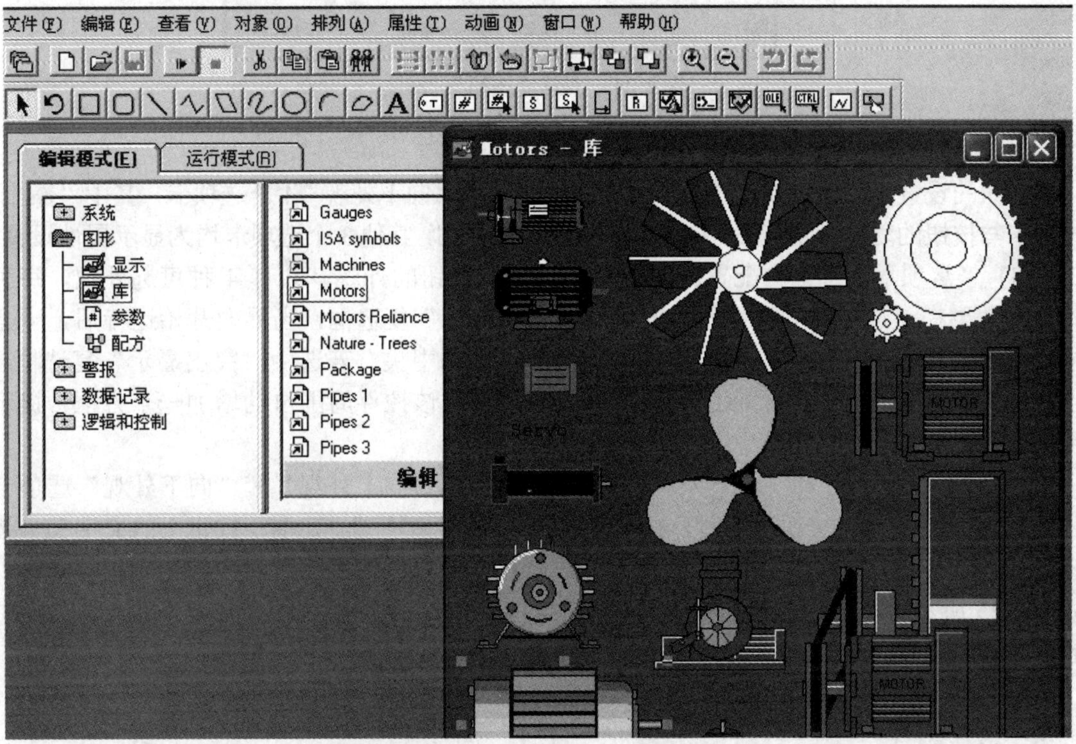

图 1.23　RSView32 自带的 Motors 控件库

4. 自定义按钮控件的创建与配置

在人机界面的各种控件中，指令类控件(如启动和停止按钮等)可以使用 RSView32 自带的按钮控件库实现，也可以通过自定义按钮实现。

1) 按钮控件的创建

使用自定义按钮时，在图 1.21 所示的绘图界面中，单击该快捷操作栏上的“按钮”快捷键，在图形界面的绘图区域中单击鼠标左键并按住不动，移动鼠标拖动出一个矩形框，松开鼠标，即可创建一个自定义按钮控件，并自动弹出“按钮设置”对话框，如图 1.24 所示。

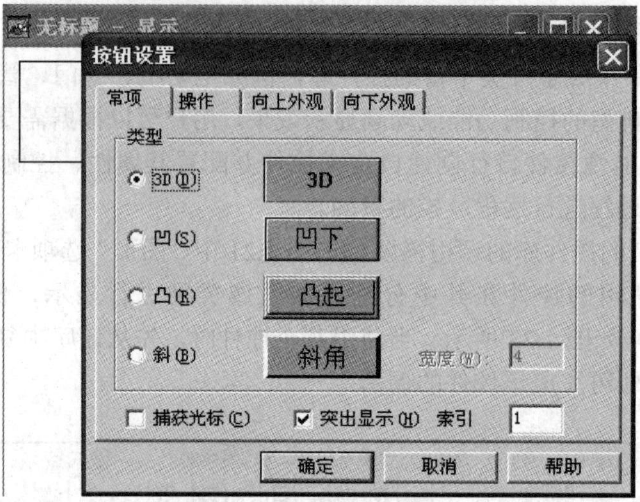

图 1.24　创建“按钮”控件

2) 按钮控件的属性配置

按钮的设置包括“常项”“操作”“向上外观”和“向下外观”4 个选项卡，其中“操作”选项卡与按钮的动作设置有关，将在后面的任务中介绍，其他 3 个选项卡均为显示属性设置。

(1) “常项”选项卡的配置。该选项卡定义了按钮的外观，共有 4 种可选外观，每种外观的效果在该选项的右侧显示。若选中“捕获光标”复选框，当界面开始运行后，一旦鼠标进入该控件的范围内则鼠标自动移动到该控件的中央。若选中“突出显示”复选框，当界面开始运行后，一旦鼠标进入该控件的范围内则该控件周围自动增加一个方框，提示用户可以选中该按钮控件。

(2) “向上外观”和“向下外观”选项卡的配置。“向上外观”和“向下外观”选项卡分别对应按钮弹起和按钮按下时，按钮上文字的内容和外观。其中，按钮上的文字在“按钮标签”一栏内输入，文字的字体、颜色和填充样式可以通过设置对应的选项进行调整，如图 1.25 所示。若按钮弹起和按下时显示的内容相同，则可以选中“向下外观”选项卡中的“另存为‘向上外观’”，否则需要单独设置。

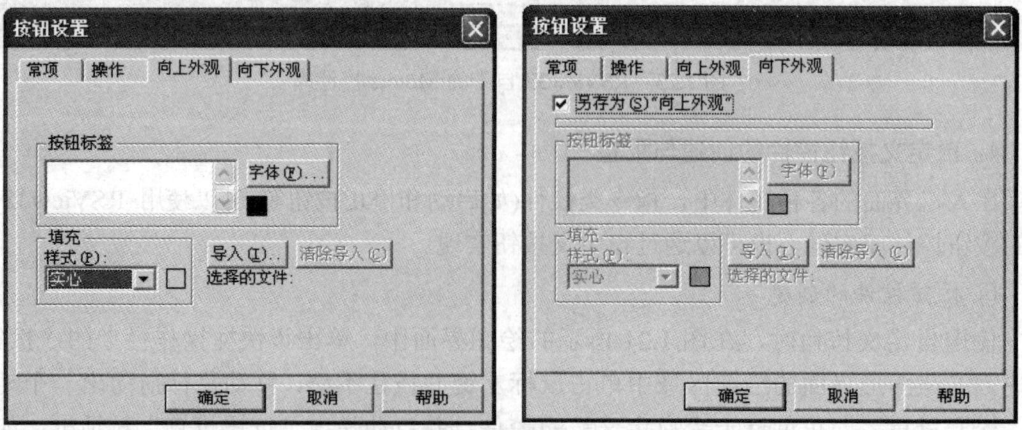

图 1.25　“按钮”的文字配置选项卡

5. 自定义图形显示控件的创建

在人机界面的各种控件中，显示类控件例如指示灯、传感器、阀门等可以通过 RSView32 自带的控件库中对应类型的控件实现，也可以通过显示简单几何图形及其组合实现。

1) 图形显示控件的创建

以圆形指示灯为例，使用自定义几何图形绘制控件时，在图 1.21 所示的绘图界面中，单击该快捷操作栏上的“椭圆”快捷键，如图 1.26 所示，在图形界面的绘图区域中单击鼠标左键并按住不动，移动鼠标拖动出来一个椭圆形框，松开鼠标即可创建一个椭圆形显示控件。如果需要绘制圆形，则需要在拖动鼠标的同时按住键盘上的“Ctrl”键。

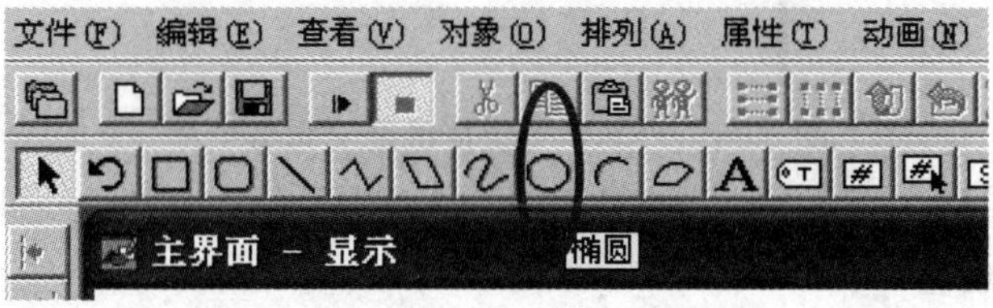

图 1.26　绘制“椭圆”图形控件

2) 图形显示控件的属性配置

在绘制好的椭圆形控件上单击鼠标右键，在弹出的快捷菜单中选择“属性”，可对该控件的外观特性进行设置，如图 1.27 所示。这里的外观是该控件动画效果未生效前的显示效果，一旦该控件设置了动画效果，则画面运行后控件的实际显示效果以动画设定为准。

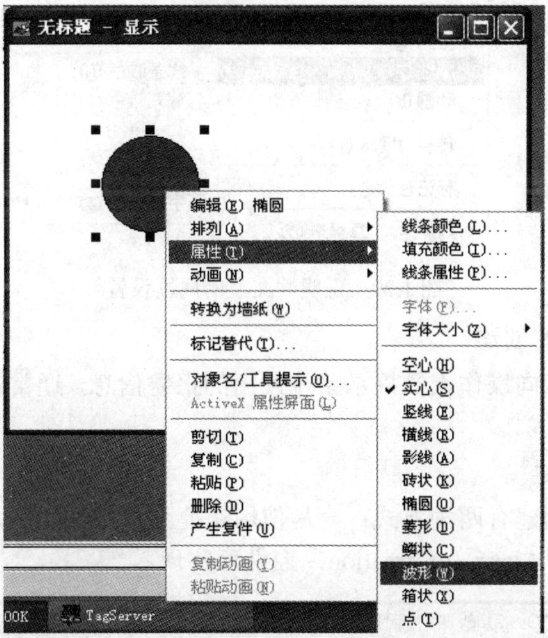

图 1.27　“椭圆”图形控件的属性配置

6. 文本控件的创建

在人机界面中，说明性质的文字是必需的，例如界面的标题、图形控件的说明文字或符号等，这些字符均可以使用文本控件创建和设置动画效果。

1) 文本控件的创建与文字输入

在图 1.21 所示的绘图界面中，单击该快捷操作栏上的“文字”快捷键，选择文本编辑功能，在绘图区域中单击鼠标左键，即可进入说明性文本的编辑状态，输入想要设置的文字，如图 1.28 所示。

图 1.28　“文字”快捷键及文本编辑框

完成文本的编辑后，在绘图界面的空白区域双击鼠标左键即可退出文本编辑状态。

2) 文本的属性配置

在输入的文本上单击鼠标右键，在弹出的快捷菜单中选择“属性”，调整文本的字体、颜色、字号等，如图 1.29 所示。

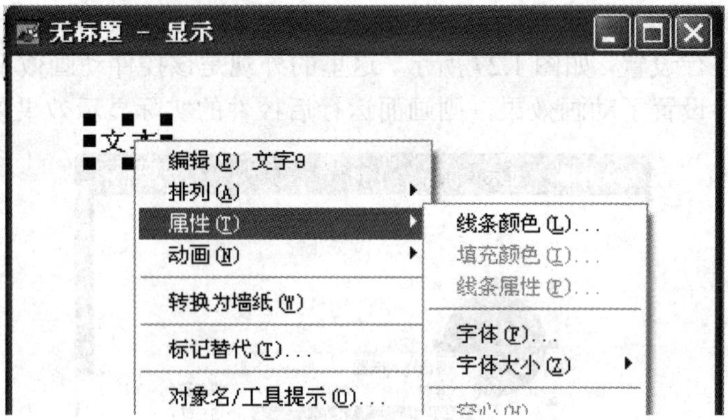

图 1.29　说明性文字的属性设置

7. 报警显示控件的创建

报警显示控件用于向操作人员提示系统发出的报警信息，通常在主监控画面的一侧或使用独立的画面。

1) 报警控件的创建

报警显示控件的创建有两种方式：一是使用快捷菜单中的“警报汇总”快捷键，如图 1.30 所示；二是使用“Alarm Information”控件库实现。

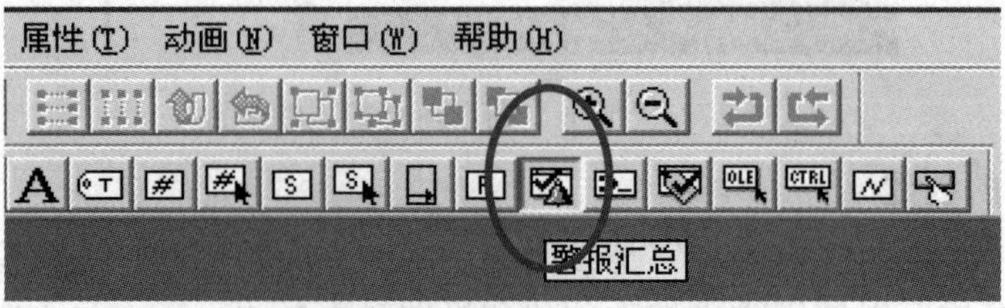

图 1.30　“警报汇总”快捷键

使用快捷菜单中的“警报汇总”快捷键时，在画面的空白区域内使用鼠标左键拖动出一个报警汇总区域，区域内会自动出现表头区域、报警信息区域和功能按钮区域，其中表头区域和报警信息区域的分界线可以调整，如图 1.31 所示。

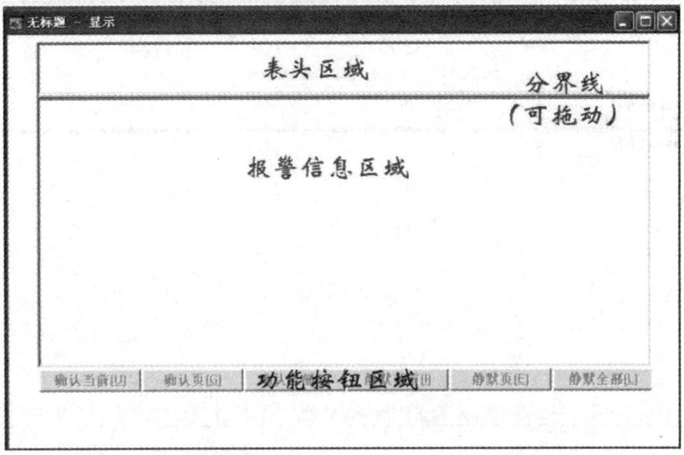

图 1.31　使用“警报汇总”快捷键绘制的报警区域

2) 报警信息内容的设置

(1) 筛选报警信息区域内显示的内容。单击 RSView32 的“插入”选项卡，即可查看支持的内容，如图 1.32 所示。

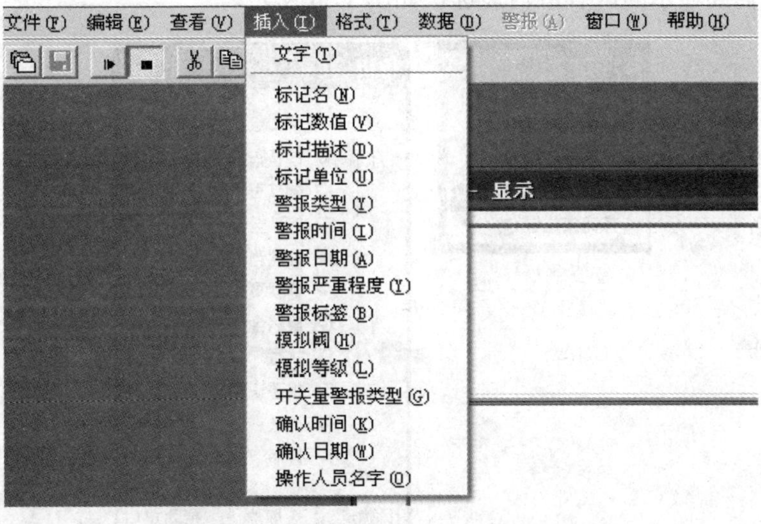

图 1.32　报警区域支持的显示内容类型

对于开关量的报警，通常记录报警的标记名或标记注释、报警时间、严重程度等。

对于模拟量的报警，通常还需要加入报警时的数值，以便操作员能直观判断报警的严重程度。

对于有人值班的场合，报警信息往往需要值班员进行确认，因此在该类型报警界面中要加入操作员确认情况。

(2) 报警界面的项目内容添加。选择“插入”选项卡，单击需要显示在区域内的一种报警信息类型，例如“标记描述”，沿着分界线左右移动，在适当的位置单击鼠标左键，完成该项内容的放置，如图 1.33 所示。

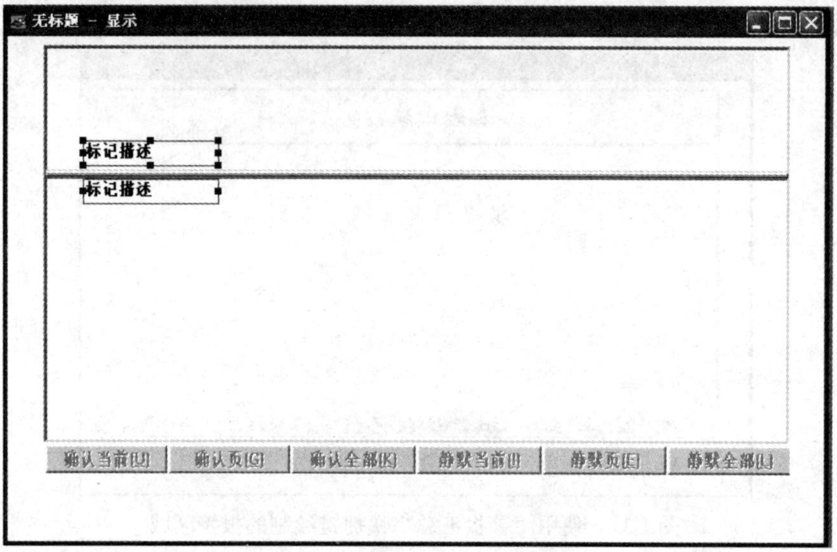

图 1.33　添加报警显示内容类型

(3) 功能按钮的增加与删除。在报警区域下方功能按钮区域的各个按钮可以根据需要进行增减，方法为：单击“格式”选项卡，在弹出的下拉菜单中单击“按钮”，在弹出的对话框中对不需要显示的内容取消勾选，如图 1.34 所示。

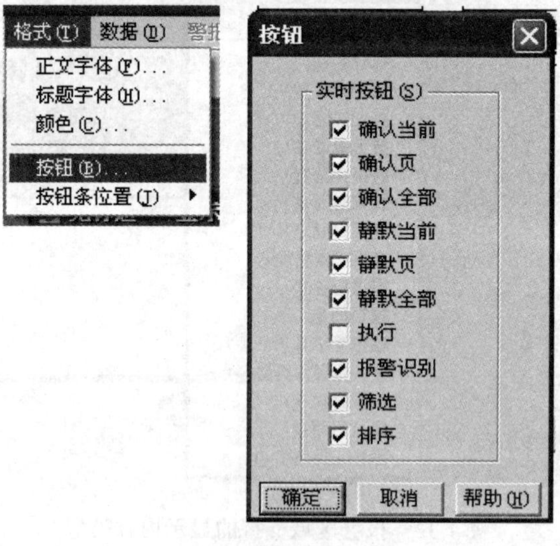

图 1.34　设置功能按钮区域

任务实施

本项目中的监控界面包括主界面和报警界面两个界面。主界面用来对电动机运行状态进行监视以及远程启动和停止控制；报警界面用来记录并显示电动机停机事件，提醒操作员电动机运行状态可能发生异常需要处理。

1. 创建电动机监控主界面

(1) 创建一个新画面。

(2) 打开“库”→“Motors”，从库中找到要使用的电动机控件，将该控件复制至界面中。

(3) 打开“库”→“Motors”，从库中找到要使用的轴端联轴器控件，将该控件复制至界面中。

(4) 使用“文字”快捷键，创建三处文本，将文字分别设置为“供水泵电动机监控画面”“运行”和“停止”。

(5) 右键分别单击三处文本，在弹出的快捷菜单中单击“属性”，设置文本的字体、字号和颜色等属性。

(6) 使用“椭圆”快捷键，在“运行”和“停止”两处文本下方分别绘制两个圆形，作为对应运行状态和停止状态的指示灯。

(7) 右键分别单击两个圆形，在弹出的快捷菜单中单击“属性”，设置该形状的轮廓颜色为黑色，填充颜色设定为默认值。

(8) 使用“按钮”快捷键创建“启动”“停止”和“查看报警”3个按钮，在弹出的对话框中自定义按钮的外观和文字。完成后的参考界面如图1.35所示。

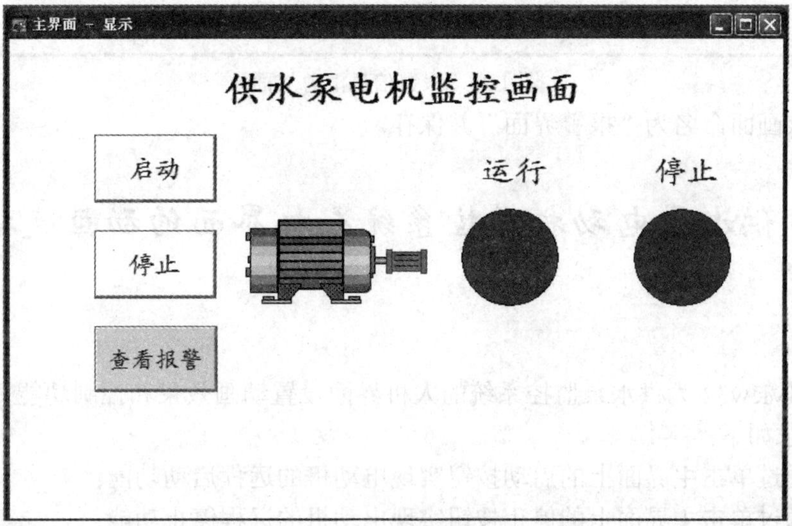

图1.35　电动机监控主界面

(9) 单击“文件”→“另存为”，将该画面命名为“主界面”并保存。

2. 创建报警界面

(1) 创建一个新画面。

(2) 使用“警报汇总”快捷键将报警区域添加到画面中。

(3) 在画面左下角添加一个按钮，标记文字设置为“返回主画面”。

(4) 在画面的中上方设置合适的说明文字作为界面的标题。

(5) 在报警信息区域中，参照图1.33的方式，从左向右分别放置“标记描述”“报警日期”“报警时间”“报警严重程度”“开关量报警类型”“确认日期”“确认时间”和“操作人员名字”等选项。

(6) 单击“格式”选项卡，在弹出的下拉菜单中单击“按钮”，在弹出的功能按钮区域显示项目对话框中保留系统默认设置。完成后的参考界面如图 1.36 所示。

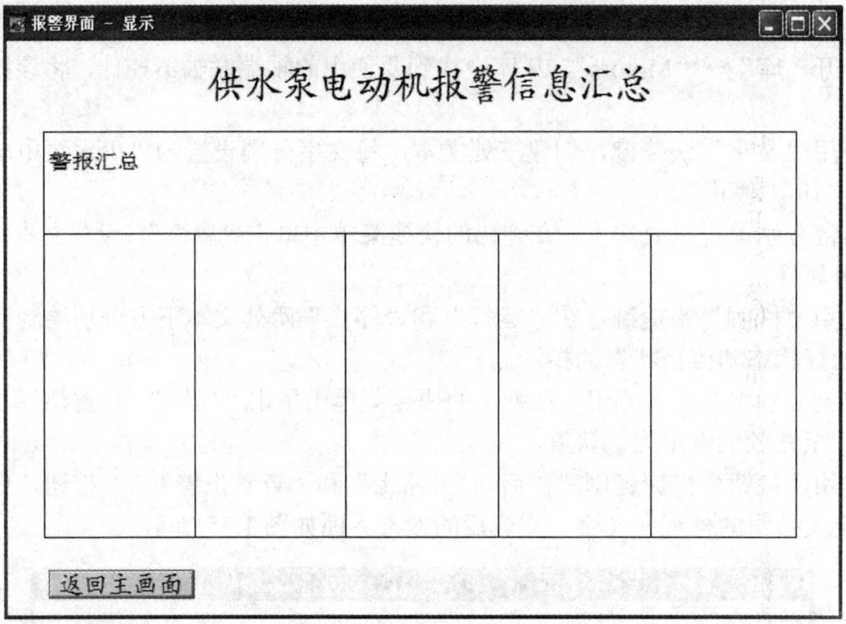

图 1.36　报警信息汇总界面

(7) 将该画面命名为“报警界面”并保存。

任务 5　供水泵电动机监控系统人机界面的动画连接与调试

任务描述

利用 RSView32 为供水泵监控系统的人机界面设置动画效果和控制功能并完成功能调试。具体要求如下：

(1) 能通过单击主界面上的启动按钮实现电动机的远程启动功能；

(2) 能通过单击主界面上的停止按钮实现电动机的远程停止功能；

(3) 当电动机处于运行状态时，主界面“运行”文字下方的指示灯颜色呈绿色，“停止”文字下方的指示灯颜色呈无色，电动机轴端联轴器颜色呈绿色；

(4) 当电动机处于停止状态时，主界面“运行”文字下方的指示灯颜色呈无色，“停止”文字下方的指示灯颜色呈红色，电动机轴端联轴器颜色呈红色；

(5) 单击主界面上的“查看报警”按钮可以切换至报警界面，单击报警界面上的“返回主画面”按钮可以切换至主界面；

(6) 当电动机由运行转为停止时，触发报警，在报警界面中显示该事件的相关信息。

任务分析及相关知识点

在人机界面中，要想各个控件产生动画效果或者控制功能，都需要为其配置动画连接。

1. 动画连接的类型

动画连接分为与标记相关和与标记无关两类。

(1) 与标记相关的动画。该类型动画是指将控件与标记数据库中的一个或多个标记进行关联，并使用逻辑表达式设置动画产生的条件，当条件满足时，动画效果随即触发，在人机界面中产生动画显示效果或者远程控制效果。

(2) 与标记无关的动画。该类型动画是指利用控件调用命令语言实现特定的控制效果，例如画面的打开、关闭等类似操作系统的按钮功能。

对于具有控制功能的控件，例如按钮等，当该控件与标记关联后，一旦该控件发生事件，例如鼠标单击该控件时，与该控件关联的标记的值随即发生变化，引发 PLC 等控制设备内部的变量数值发生变化，实现远程控制现场设备的功能。

对于具有显示功能的控件，当该控件与标记关联后，一旦 PLC 等控制设备内部的变量数值发生变化，标记数据库中的相关标记的值相应发生变化，控件将标记的当前值按照设定好的逻辑表达式进行运算，得出不同的结果，从而产生不同的显示特性，产生颜色变化、位置变化等动画效果。

2. 使用按钮控件实现远程控制功能

自定义按钮可以配置与标记关联的动画效果，也可以调用命令语言，相关的设置需要调用按钮的属性设置对话框。

在图 1.24 所示的按钮属性设置对话框中，单击“操作”选项卡，即可进入按钮动作设置界面。系统提供了“置位”“复位”“切换”“暂时开”“暂时闭”和“命令”共 6 种动作模式。其中“命令”模式不需要关联标记，而是调用系统提供的命令语句实现控制功能，其余 5 种模式需要关联某个标记。

对于关联标记的 5 种动作模式，其所关联标记的值的变化规律如表 1.5 所示。

表 1.5　5 种与标记关联的按钮的动作规律

按钮动作模式	按钮按下时的标记值变化	按钮弹起时的标记值变化
置位(Set)	无动作	0→1
复位(Reset)	无动作	1→0
切换(Toggle)	当前值取反	无动作
暂时开(Momentary On)	0→1	1→0
暂时闭(Momentary Off)	1→0	0→1

由于电动机的远程启动和停止需要通过 PLC 的 B3 辅助寄存器的特定位实现，该位已经与标记数据库中的变量进行关联，因此，远程启动和远程停止两个按钮需要设置为与关联标记的 5 种动作模式中的某一种。确定模式后，单击“标记名”后的浏览按钮即可选择对应的标记，如图 1.37 所示。

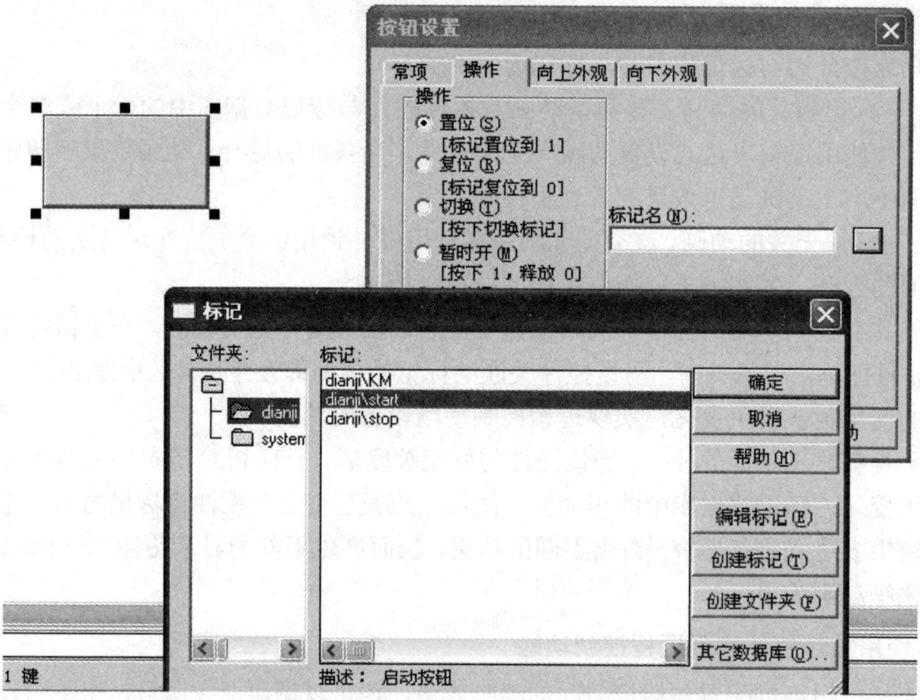

图 1.37　按钮与标记相关的动作设置界面

3. 使用控件的颜色动画实现运行状态显示功能

颜色动画效果是指控件的颜色随逻辑表达式的取值不同呈现不同的颜色。当为某个控件添加颜色动画效果时，单击鼠标右键选中该控件，在弹出的快捷菜单中选择“颜色”动画，即可进入颜色动画设置界面，如图 1.38 所示。

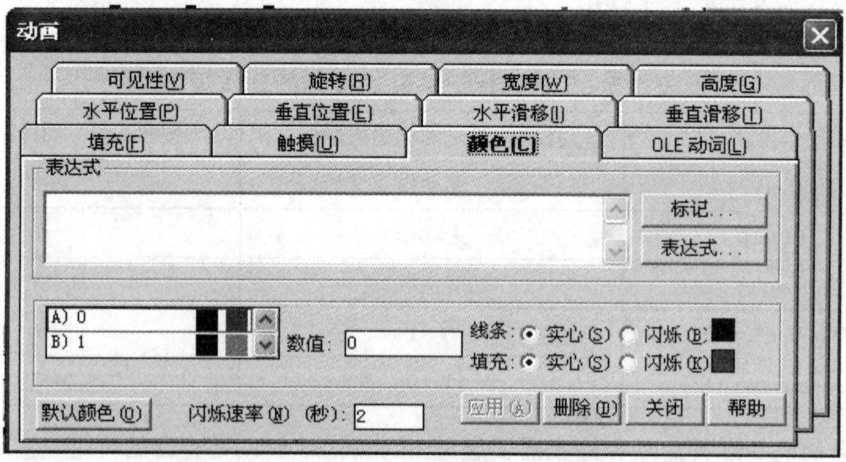

图 1.38　颜色动画的设置界面

与按钮的置位等操作不同，颜色动画除了支持与某个标记直接关联外，还支持复杂的逻辑表达式。单击“表达式”输入框右侧的“标记”按钮可以选择一个标记，单击“表达式”按钮可以在弹出的输入框中输入逻辑表达式，逻辑表达式支持算术运算、逻辑运算及其组合。

1) *颜色表达式的运行机制*

颜色动画的设置取决于所对应的标记或表达式的值。根据标记或者表达式值的不同，最多支持从 A 到 P 共 16 种不同的颜色动画设置选项，每个选项均由表达式的值、控件线条颜色(即控件外部轮廓)和控件填充颜色共 3 个要素组成，其中控件线条颜色和控件填充颜色各支持实心和闪烁两种模式。

当画面开始运行后，系统会根据“表达式”中的内容定期计算出标记或表达式的值，从 A 到 P 各个选项中去搜寻相同值对应的选项，一旦找到对应的数值，则将该控件的线条和填充颜色设置为该选项中的设置值，并刷新当前画面。其中，选项 A 和 B 均设置好了默认数值，分别为 0 和 1，其他 14 个选项未设置默认数值，且各个选项对应的数值不能相同。

对于直接关联到某个开关量的标记，设置 A 和 B 这两个选项即可，对于有多种可能结果的表达式，则需要通过电动机选项区域的向上和向下箭头选择其他选项分别进行设置。

2) *颜色表达式的设定示例*

以对某个对应开关量的标记配置颜色动画效果为例，目标是当该开关量值为 1 时，填充区域为白色；当开关量值为 0 时，填充区域红、白两色以 0.5 s 的频率交替闪烁，外部轮廓始终呈黑色。

(1) 单击“表达式”后的“标记”按钮，选中这个要设置颜色动画的标记。

(2) 选中 A 选项，将填充区域由“实心”改为“闪烁”。

(3) 在“闪烁”后出现的两个颜色区域内分别单击鼠标左键，在弹出的调色板中选中红色和白色。

(4) 在下方“闪烁速率”框中键入“0.5”。

(5) 单击“应用”按钮，完成设置，如图 1.39 所示。

图 1.39　为某个标记设置红色闪烁效果

4. 按钮控件的命令功能配置

当选中按钮控件的“操作”选项卡中的“命令”选项时，该按钮运行指定的 RSView32 命令或宏，“按操作”“重复操作”和“释放操作”时分别对应不同的命令或宏，如图 1.40 所示。

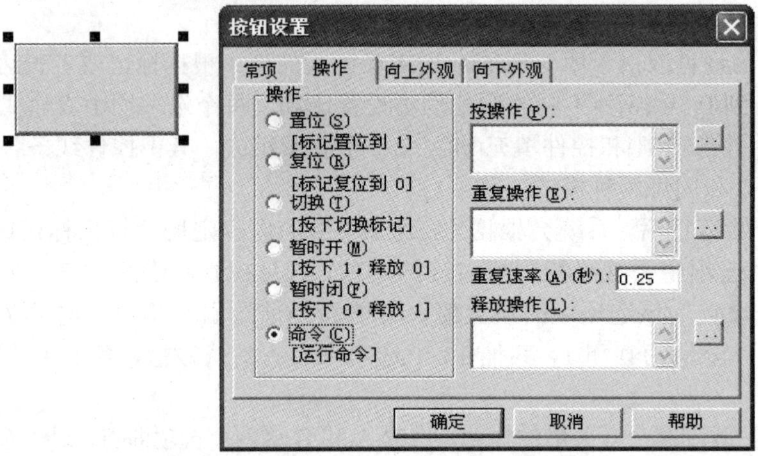

图 1.40　按钮控件的命令操作设置界面

不同画面之间的相互调用可以通过按钮控件的命令功能实现，方法如下：

(1) 单击“按操作”后面的浏览按钮，系统弹出“命令向导第一步”对话框，如图 1.41 所示。

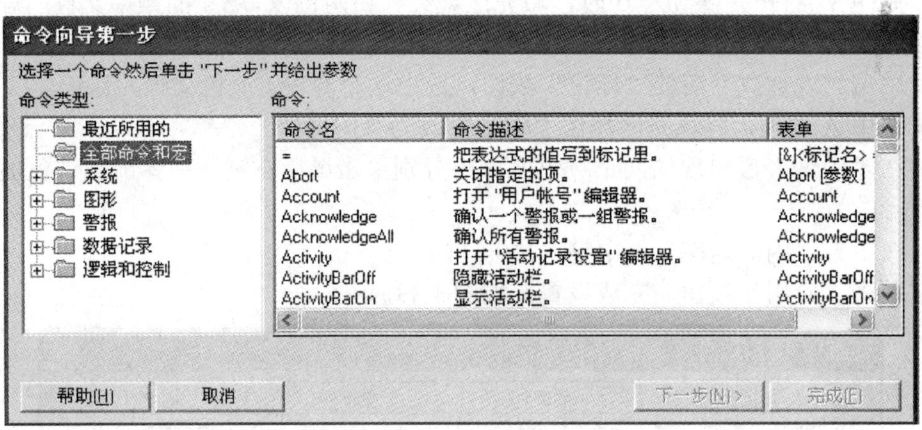

图 1.41　“命令向导第一步”对话框

(2) 单击“图形”前面的加号，在展开列表中选择“图形显示”，再选中“漫游”功能下的“Display”命令，如图 1.42 所示。

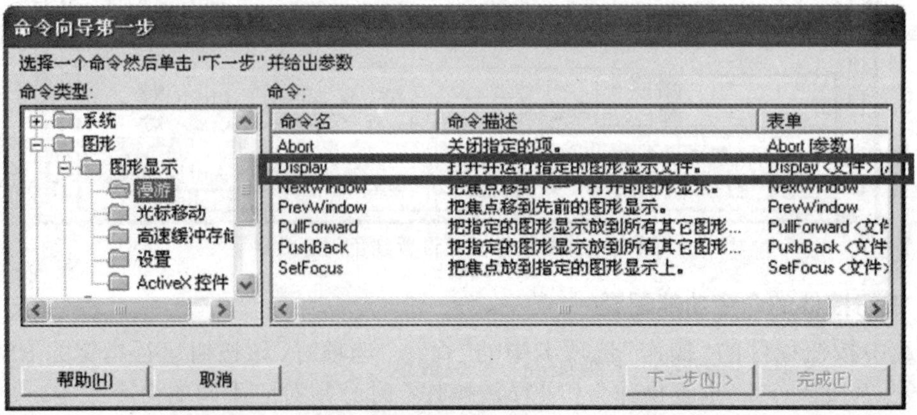

图 1.42　可实现画面之间相互调用的“Display”命令

(3) 在弹出的“命令向导第二步”界面中选中需要显示的画面，如图 1.43 所示。如果需要设置详细参数，可以勾选各个选项前的复选框。

(4) 单击图 1.43 右下角的“完成”按钮，完成设置。

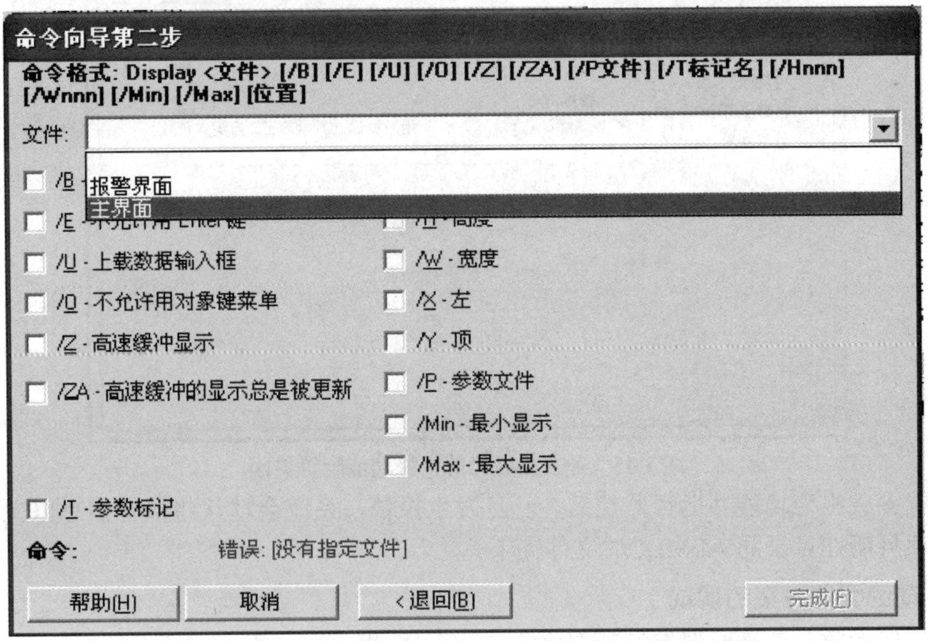

图 1.43　设置“Display”命令需要调用的画面

5. 标记报警画面的动画配置

标记数据库中的各个标记均可以配置报警功能，该功能默认是不开启的，需要在标记数据库中选中某个标记，勾选其“警报”前面的复选框以开启该标记的报警功能，如图 1.44 所示。

图 1.44　开启标记的报警功能

勾选复选框后，系统自动弹出报警功能配置窗口，且窗口中的内容与变量的类型有关。例如标记名为“dianji\KM”的开关量报警，其配置界面如图 1.45 所示。其中，“警报类型”是指触发报警的条件，“警报标签”是指触发警报后在报警汇总窗口中显示的文字内容，“严重程度”有 1～8 共 8 个等级，1 级最高，8 级最低，在报警画面中可以设置哪些等级的报警显示出来，哪些等级的报警不显示。

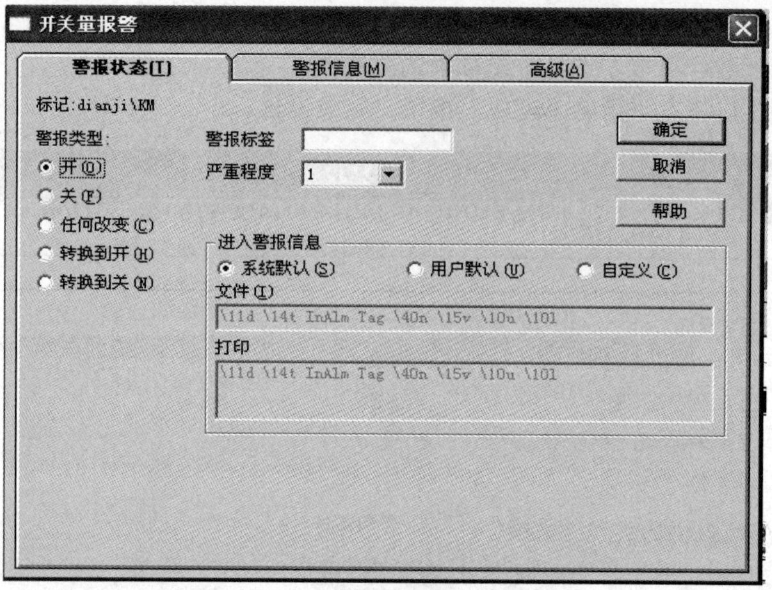

图 1.45　开关量标记的报警功能配置界面

配置完成报警功能并运行监控后，一旦发生报警，系统会默认将报警信息以文件形式保存在项目所在目录的 ALMLOG 文件夹下。

6. 动画配置方案的调试

开始调试前，务必要保存好所有内容。

若单独调试画面的部分内容和功能，可以单击系统快捷栏中的“测试运行”按钮。若调试系统整体功能，需要在项目浏览器中选择“系统”→“启动”，勾选“初始图形”，将初始图形选定为主画面。如果项目中用到了警报、OPC/DDE 服务器等其他功能，则同样需要勾选其前面的复选框，如图 1.46 所示。

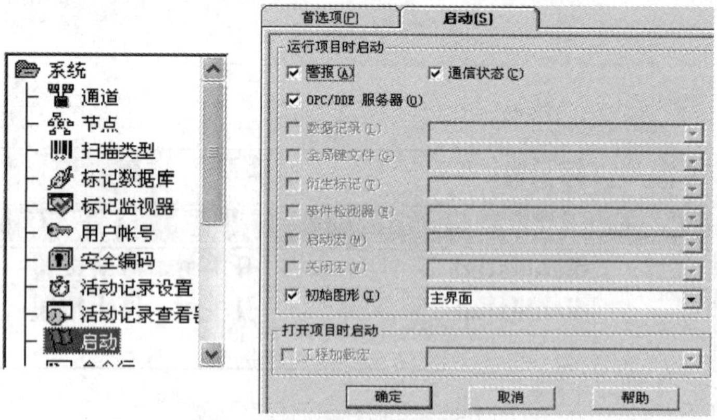

图 1.46　开始调试前选择启动项

完成启动项设置后，在项目浏览器中选择运行模式，单击“运行项目”，系统自动打开主画面，即可测试整体功能。

需要注意的是，自定义报警界面仅能在运行模式下观察到是否出现报警信息，如果只通过单击“测试运行”按钮调试界面则无法观察到报警信息。

任务实施

1. 配置电动机远程启动和远程停止功能

(1) 在主画面中双击“启动”按钮，在弹出的对话框中选中“操作”选项卡，将按钮的操作类型选择为“暂时开”。

(2) 单击“标记名”后的浏览按钮，选择与PLC的B3:0/0关联的标记，单击“确定”，完成远程启动按钮的配置。

(3) 用同样的方式，将“停止”按钮与PLC的B3:0/1关联，操作类型仍选择“暂时开”。

(4) 完成配置后，使用系统提供的“测试运行”按钮，分别单击两个按钮，观察PLC的动作是否正常。

2. 配置电动机运行状态显示功能

(1) 在主画面中选中“运行”文本下的椭圆形控件，右键单击控件，在弹出的对话框中选择“动画”选项，并在弹出的动画配置窗口中切换至“颜色”选项卡。

(2) 单击“标记”按钮，选择与PLC的O:0/0关联的标记，单击“确定”按钮。

(3) 选中下方选项中的A，默认值0保持不动，单击“填充”选项后的颜色框，在弹出的颜色列表中选择白色，其他选项保持不动，完成后单击“应用”按钮完成设置。

(4) 在主画面中选中“停止”文本下的椭圆形控件，右键单击控件，在弹出的对话框中选择“动画”选项，并在弹出的动画配置窗口中单击“颜色”选项卡，切换至如图1.38所示的颜色设置界面。

(5) 单击“标记”按钮，选择与PLC的O:0/0关联的标记，单击“确定”按钮。选中下方选项中的B)，默认值1保持不动，单击“填充”选项后的颜色框，在弹出的颜色列表中选择白色，其他选项保持不动，完成后单击“应用”按钮完成设置。

(6) 在主画面中选中联轴器控件，右键单击控件，在弹出的对话框中选择“动画”选项，并在弹出的动画配置窗口中切换至“颜色”选项卡。

(7) 单击“标记”按钮，选择与PLC的O:0/0关联的标记，单击“确定”按钮，各个选项保持不动，最后单击“应用”按钮完成设置。

(8) 使用系统提供的“测试运行”按钮，分别单击两个按钮，使PLC正常动作，观察各个控件的显示结果是否正常。参考结果如图1.47所示。

图1.47　电动机远程控制和运行状态显示部分运行结果

3. 配置电动机停机报警功能

(1) 进入标记数据库，找到与电动机控制继电器关联的标记，选中“警报”复选框，启动该标记的报警功能。

(2) 由于该标记属于数字量，仅有 1 和 0 两种取值，其中电动机停机事件对应该标记的值由 1 变为 0，因此，需要在“警报类型”单选框中选中“转换到关”。

(3) 在“警报标签”栏中输入说明文字，例如“电机停机”，报警严重程度可以自行定义，示例如图 1.48 所示。

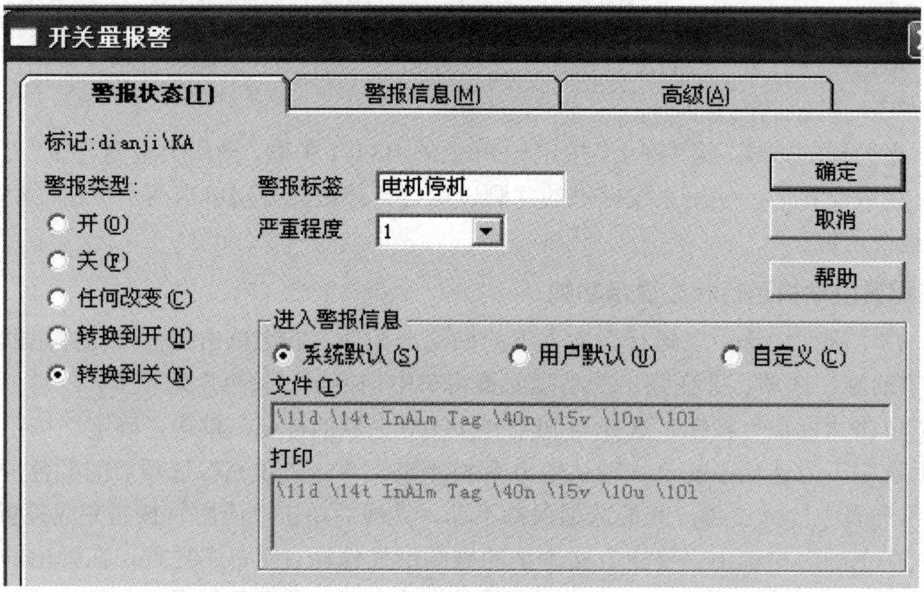

图 1.48　电动机停机报警对应的标记设置

(4) 单击主界面中的“查看报警”按钮，选择“操作”选项卡中的“命令”选项，通过命令向导的设置，实现对报警界面的调用，结果如图 1.49 所示。

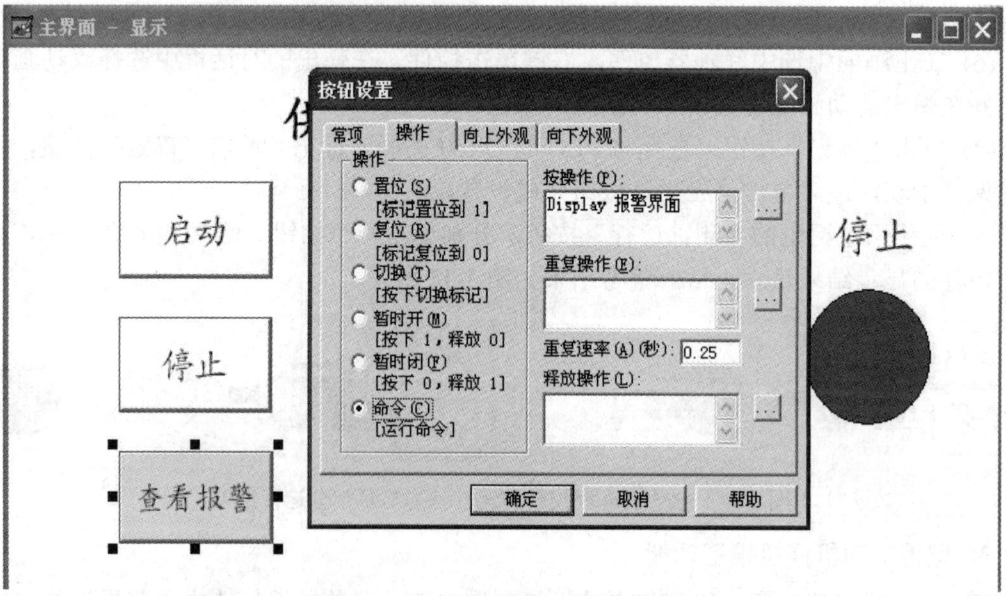

图 1.49　主界面对报警界面的调用

(5) 按照同样的方式，在报警界面中对“返回主界面”按钮进行命令向导设置，实现对主界面的调用，如图 1.50 所示。

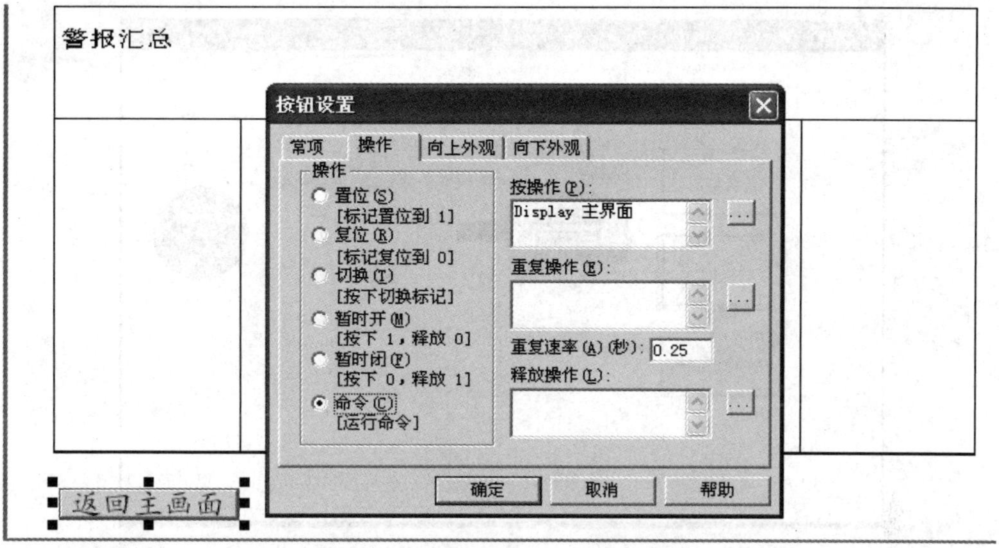

图 1.50　报警界面对主界面的调用

4. 配置启动画面并调试项目

(1) 按照图 1.46 所示的方式，将“警报”“通信状态”和“初始图形”3 个复选框选中，“初始图形”选择主界面。

(2) 在项目浏览器中单击“运行模式”选项卡，切换至运行模式，如图 1.51 所示。单击“运行项目”按钮，整个组态项目进入运行模式，显示的界面为主界面。

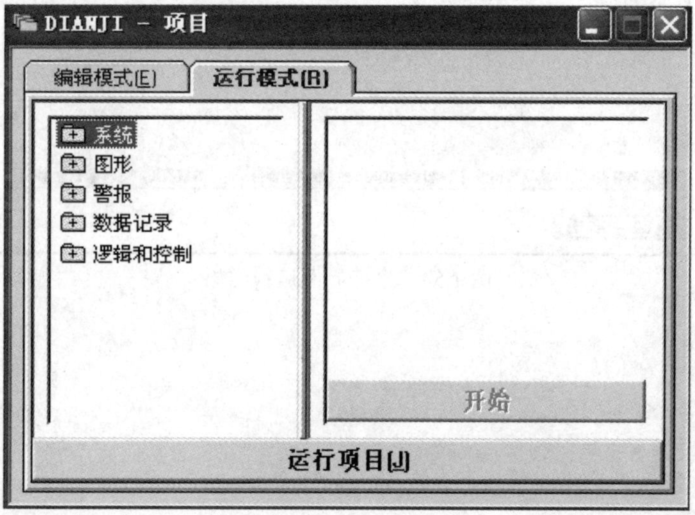

图 1.51　运行组态项目

(3) 单击主界面中的各个操作按钮，观察系统运行状态是否正常、各个显示控件的显示结果是否符合预期、按钮控件是否能正常启动和停止电动机、主界面和报警界面是否可以正常切换，以及电动机停机是否可以正常记录。

(4) 分别单击主界面中的“启动”按钮和“停止”按钮，模拟远程启动和停止电动机若干次，主界面调试结果示例如图 1.52 所示，报警界面运行结果示例如图 1.53 所示。

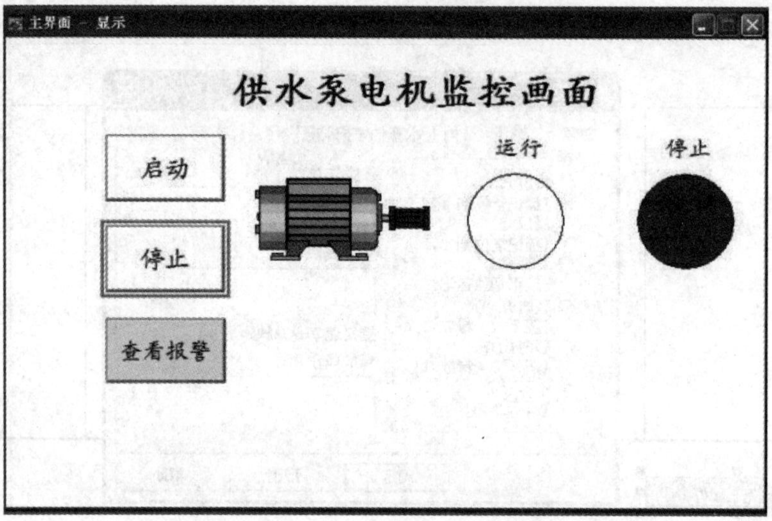

图 1.52　主界面运行结果

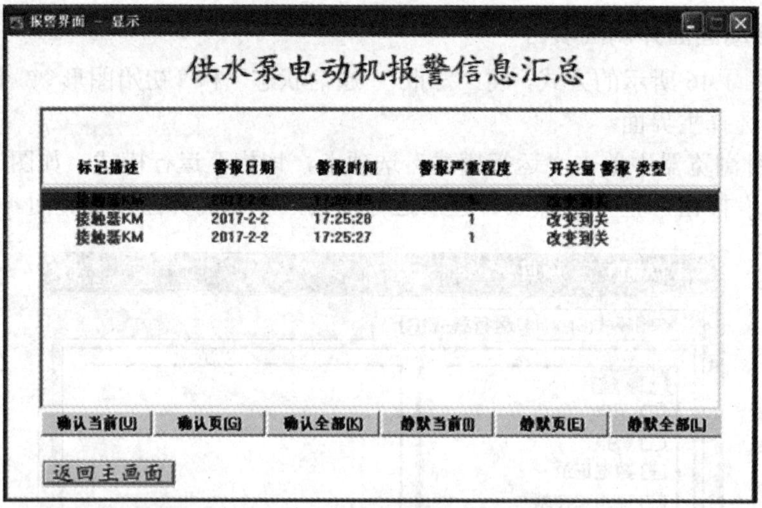

图 1.53　报警界面运行结果

学习情境 2

水箱水位监控系统人机界面的设计

任务 1　PLC 程序的设计

任务描述

1. 水箱水位监控系统的控制要求

在现代化的工业生产中，我们经常需要通过监控软件对现场的自动化设备进行监视和控制。本书介绍的罗克韦尔公司的软件 RSView32 就是一种高度集成、基于组件并用于监视和控制自动化设备的人机界面监控软件。它的功能十分强大，因此应用是非常广泛的。在本学习情境中我们学习工业生产中水箱水位监控系统人机界面的设计，通过罗克韦尔组态软件 RSView32 和其他相关的软硬件完成如下功能：

(1) 远程控制水箱的进水阀和出水阀。

(2) 监控水箱液位，保证其在要求的范围内。

(3) 记录并保存液位数据。

(4) 实时监测水箱液位的变化，创建实时趋势图。

(5) 正确使用液位监测报警功能。

(6) 设置用户登录功能。

2. 水箱水位监控系统主界面

水箱水位监控系统主界面如图 2.1 所示。本学习情境将详细介绍组态软件 RSView32 各部分的功能，同时也使读者了解使用组态软件 RSView32 进行工程设计开发的一般步骤。下面，我们将详细了解此水箱水位控制系统的组成。

3. 水箱水位控制系统组成

1) 此系统中主要使用的软件

(1) RSLinx：罗克韦尔网络通信软件，主要实现系统的网络组态。

(2) RSLogix500：罗克韦尔编程软件，主要对可编程控制器 MicroLogix 1500 进行编程。

(3) RSView32：罗克韦尔组态软件，主要实现系统的监视和控制。

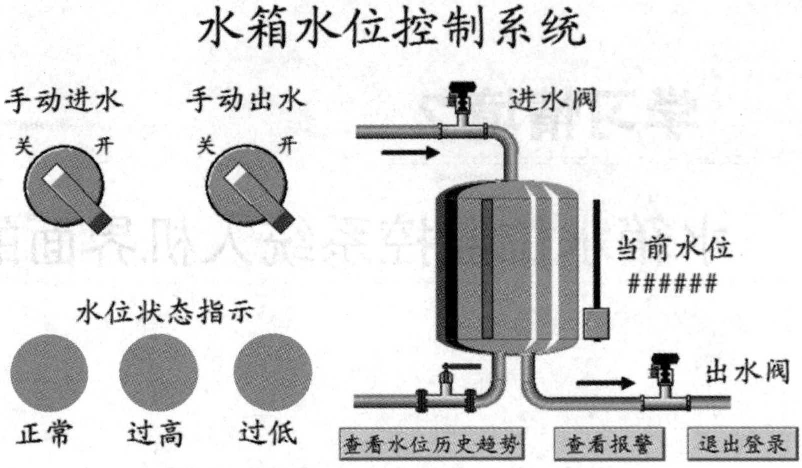

图 2.1　水箱水位监控系统主界面

2) 此系统中主要使用的硬件

(1) PC(一台)：上位机，主要运行系统中所需的软件。

(2) 可编程控制器 MicroLogix 1500(一台)：控制中心，主要对水箱系统进行控制和数据采集。

(3) 网线及相关的通信模块：因为系统基于工业三层网(以太网、控制网及设备网)，这里主要涉及以太网，因此需要以太网线和通信模块 1761-NET-ENI。

3) 系统的结构图

完成此系统的设计，首先要考虑的是系统整体规划。这主要取决于系统的功能要求，其次就是现有的软硬件条件，如果再考虑到实际工程的话，其实还有许多工程条件，这里就不再赘述。有了系统的整体规划后，下一步就是系统的硬件搭建，如图 2.2 所示。在本系统中，可编程控制器 MicroLogix 1500 和上位机之间采用 RS232 串口连接。

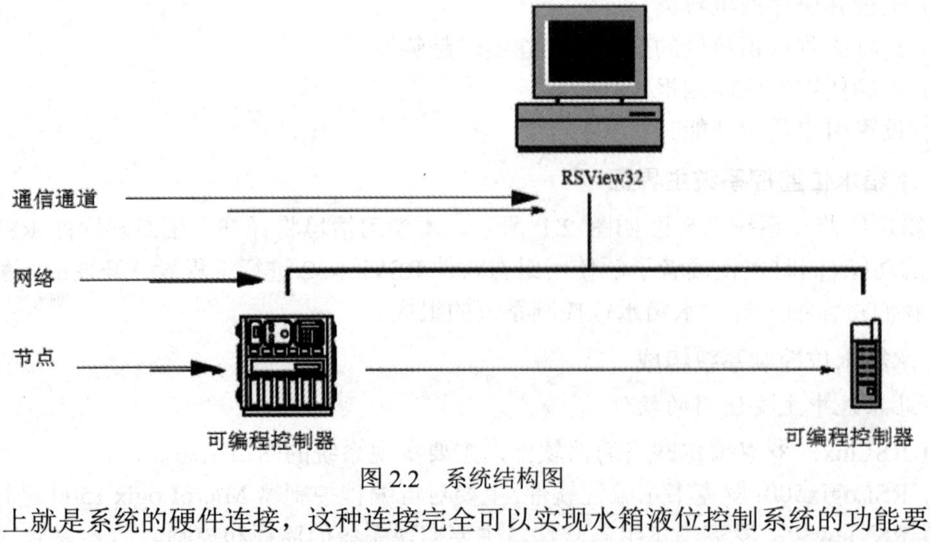

图 2.2　系统结构图

以上就是系统的硬件连接，这种连接完全可以实现水箱液位控制系统的功能要求，举这个例子的目的就是想通过这个简单的系统，让读者学习组态软件 RSView32 以及其他相关的软硬件知识。在学习组态软件 RSView32 之前，我们先介绍此系统的程序设计。

任务分析及相关知识点

本系统水箱配套进水阀一个，出水阀一个，整体由一台 MicroLogix 1500 控制；水箱水位(整数)最大为 32 767，最小为 0。根据系统要求，水箱水位系统的程序设计主要完成以下功能：水位高于 25 000 且低于 30 000，或者“手动出水”开关置于“开”时，出水阀打开；水位达到 5000 及以下时触发“水位过低”报警；水位达到 30 000 及以上时触发“水位过高”报警。

1. 进水阀门控制程序

水位高于 5000 且低于 25 000，或者“手动进水”开关置于“开”时，进水阀打开。程序如图 2.3 所示。

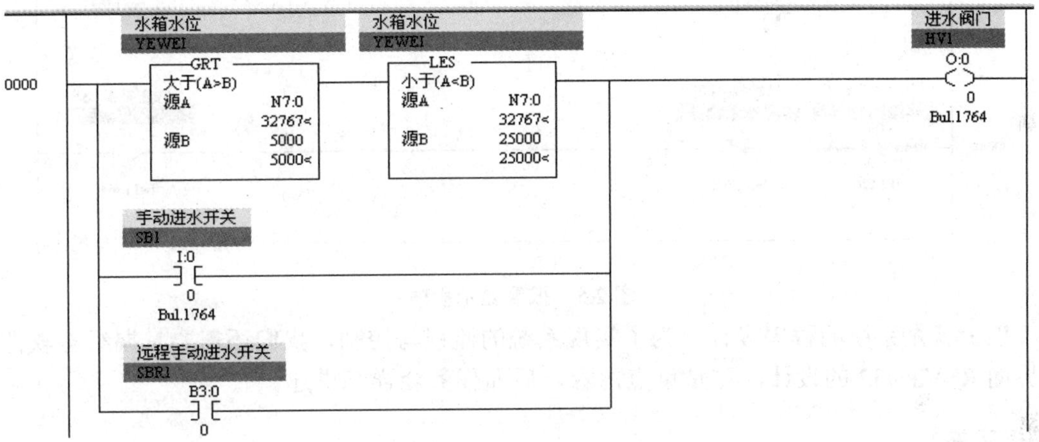

图 2.3　进水阀门控制程序

2. 出水阀门控制程序

水位高于 25 000 且低于 30 000，或者“手动出水”开关置于“开”时，出水阀打开。程序如图 2.4 所示。

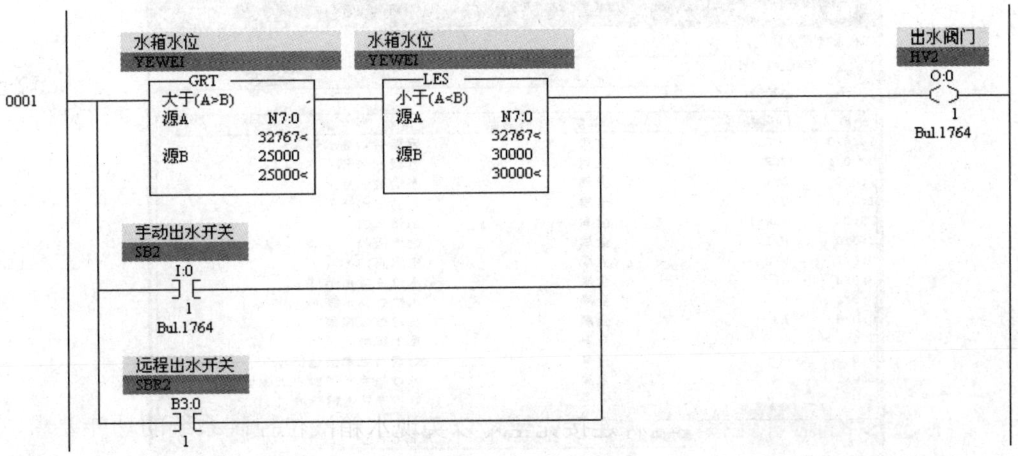

图 2.4　出水阀门控制程序

3. 报警显示程序

这里我们设置了上位报警和下位报警，也就是当液位反馈值小于 5000 时，是下位报警；当液位反馈值大于 30 000 时，是上位报警；当液位介于 5000 到 30 000 之间时，水位正常指示灯点亮，如图 2.5 所示。

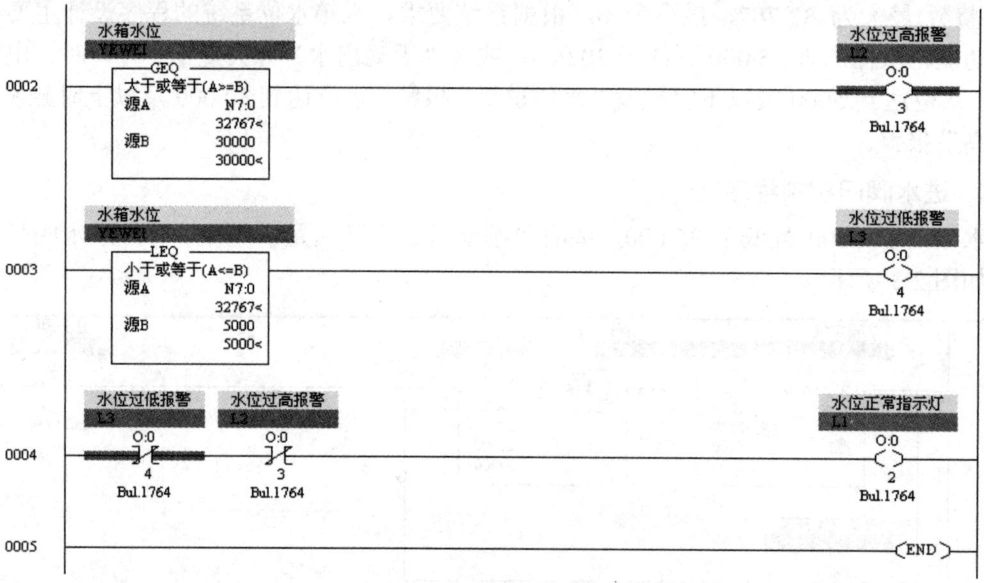

图 2.5　报警显示程序

以上就是系统的程序设计，为了实现系统的监视与控制，我们还需要掌握组态软件人机界面 RSView32 的设计，这是重点内容，后面任务会详细讲述。

任务实施

1. 建立变量表

打开桌面 RSLogix500 English 软件，建立工程文件，根据系统要求建立相应的变量表，如图 2.6 所示。

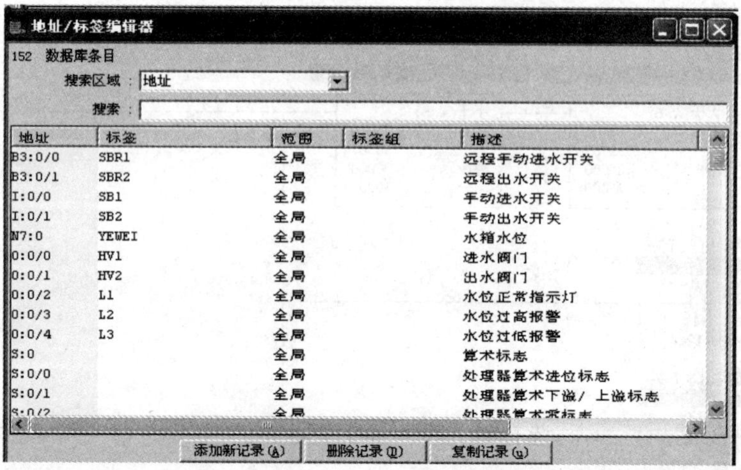

地址	标签	范围	标签组	描述
B3:0/0	SBR1	全局		远程手动进水开关
B3:0/1	SBR2	全局		远程出水开关
I:0/0	SB1	全局		手动进水开关
I:0/1	SB2	全局		手动出水开关
N7:0	YEWEI	全局		水箱水位
O:0/0	HV1	全局		进水阀门
O:0/1	HV2	全局		出水阀门
O:0/2	L1	全局		水位正常指示灯
O:0/3	L2	全局		水位过高报警
O:0/4	L3	全局		水位过低报警
S:0		全局		算术标志
S:0/0		全局		处理器算术进位标志
S:0/1		全局		处理器算术下溢/上溢标志

图 2.6　水箱水位控制系统变量表

由于 PLC 的输入端 I:0/0 和 I:0/1 不能由上位机界面直接控制，因此，在地址/标签数据库中增加两个辅助寄存器 B3:0/0 和 B3:0/1，分别对应远程手动进水 SBR1 和远程手动出水 SBR2 两个开关。

2. 编写 PLC 控制程序

按照图 2.3～图 2.5 所示内容编写水箱水位系统的控制程序，下载并运行控制程序。

3. 观察程序的运行结果

改变进水开关和出水开关的状态，查看进水阀门和出水阀门的状态是否发生改变；改变 N7:0 中的水位值，观察指示灯的变化情况。

任务 2　组态软件 RSView32 与 PLC 的通信

任务描述

在人机界面软件 RSView32 和 MicroLogix 1500 PLC 之间建立通信，使得我们在监控界面能实时地观测到现场 PLC 所控制设备的状态，能及时地通过监控界面进行处理。

任务分析及相关知识点

一般的，RSView32 可以和 PLC-5、SLC-500、MicroLogix 系列的处理器之间建立通信，同时也能和 Rockwell Automation 公司的新一代的产品 ControlLogix5000 建立通信，其中所使用的网络层次可以是 Rockwell 公司的 ControlNet 网，ControlNet 网采用了生产者/客户(Producer/Consumer)的通信传输方式，大大提高了信息传送效率。这样 RSView32 只需要在 ControlNet 上知道 ControlLogix5000 的处理器名即可。对于目前版本的 RSView32，当它和 ControLogix5000 处理器建立通信时，只能采用 OPC 或 DDE 方式连接，因为在直接驱动的连接方式中，不支持 ControlLogix5000 这种处理器的类型。

在本学习情境，RSView32 和 PLC 进行通信时，主要设置通道和节点。通俗地讲，设置通道就是设置 RSView32 与相应的控制器连接的方式、网络类型等；设置节点就是设置处理器的地址、类型等，通过设置通道和节点来确定 RSView32 具体和网络中的哪台控制器相连接。

1. 设置通道

RSView32 与 MicroLogix 1500 控制器主要有 3 种建立通信的方式：直接驱动、OPC 服务器和 DDE 服务器。本学习情境 PLC 通过 RS-232 串口通信直接和安装了 RSView32 的计算机相连，所以可以采用直接驱动的方式建立通信。

在“通道”编辑器中，选择一个通道并为通道指定合适的网络及 RSLinx 驱动器。如图 2.7 所示，在这里，我们选择通道 1，网络类型选择 DH-485，RSLinx 驱动器选择 AB_DF1-1，然后单击“确定”按钮。

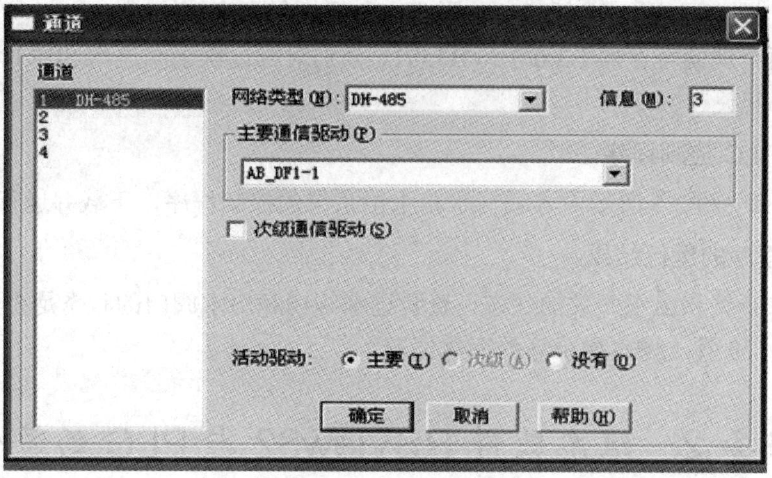

图 2.7 “通道”设置对话框

在通道的对话框我们主要设置网络类型，这和用户所要连接的处理器所连接的网络类型有关，可选的网络类型有 DF1、DH+、DH485、ControlNet 及 TCP/IP 等。这里我们选用 DH-485。相应的主要网络驱动我们选择 AB_DF1-1，这取决于在使用 RSLinx 组态网络时，用到的处理器所使用的驱动类型。

2. 设置节点

在“节点”编辑器数据源一栏中，选择“直接驱动”，并在“节点名”栏中设置节点名。在“通道”中选择上一步中所建立的通道 1。然后单击“站”右侧的 RSWho 窗口，选择控制器，如图 2.8 所示。

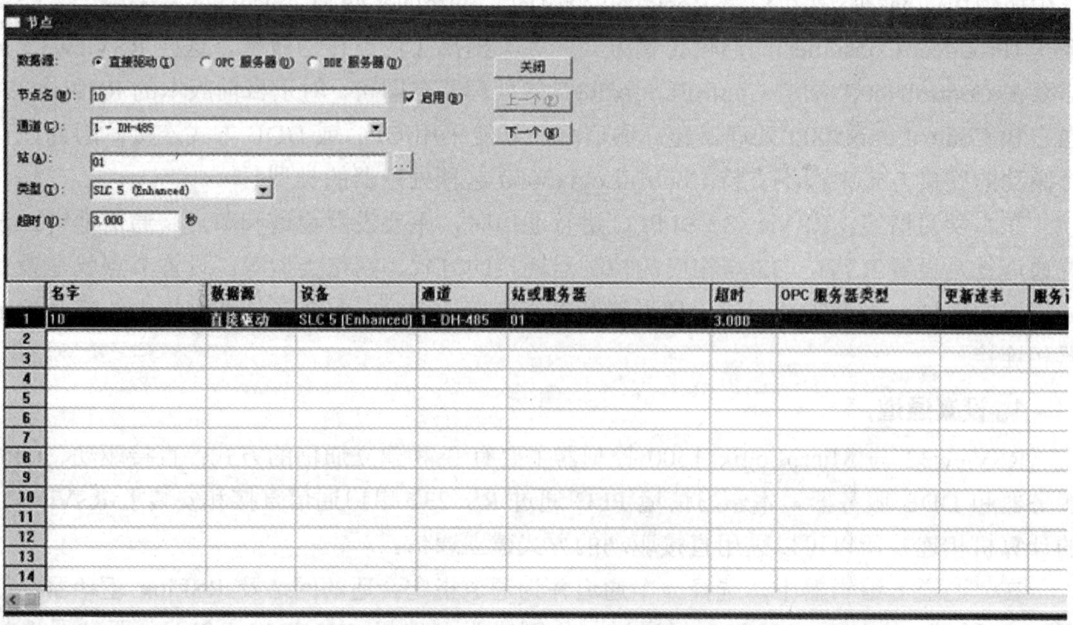

图 2.8 “节点”设置对话框

对于节点的设置，当数据源选用直接驱动时，各项的含义如下：

1) 节点名

输入用户自定义的可编程控制器、网络服务器或 Windows 程序名。节点名可有多达 40 个大小写字母、数字和下划线，不允许有空格。

2) 通道

选择一个通道序号。该通道一定要经过“通道”编辑器设置。如果该通道未经设置，在下拉列表中会有<Unassigned>标志。

3) 站

键入通信通道内可编程控制器的物理站地址。地址格式取决于该节点所用通道和网络类型。详细说明请参照可编程控制器的有关文件或是安装程序所带的帮助文件和用户手册。

如果在用户的计算机中已经安装并运行了 RSLinx，则单击 RSWho 窗口，该窗口里将显示选定通道所连接的全部活动的 PLC 站。当用户从 RSWho 窗口里选定一个站时，“站”和“类型”框将被自动填写。RSView32 用 PLC-5 (增强型) 替换所有 PLC-5 系列设备类型。如果用户使用 PLC-5/10、5/12、5/15 或 5/25，则在“类型”框里选择 PLC-5。

4) 类型

选择用户正在使用的可编程控制器的类型。

5) 超时

键入在报告通信错误之前 RSView32 等待的秒数 (0～65 535)。通常情况下 3 s 就足够了。

任务实施

1. 配置驱动程序

(1) 启动 RSLinx，组态与控制器通信所用到的驱动程序。这里我们选用 RS-232 DF1 devices，使 RSView32 和 RSLogix500 进行通信，如图 2.9 所示。

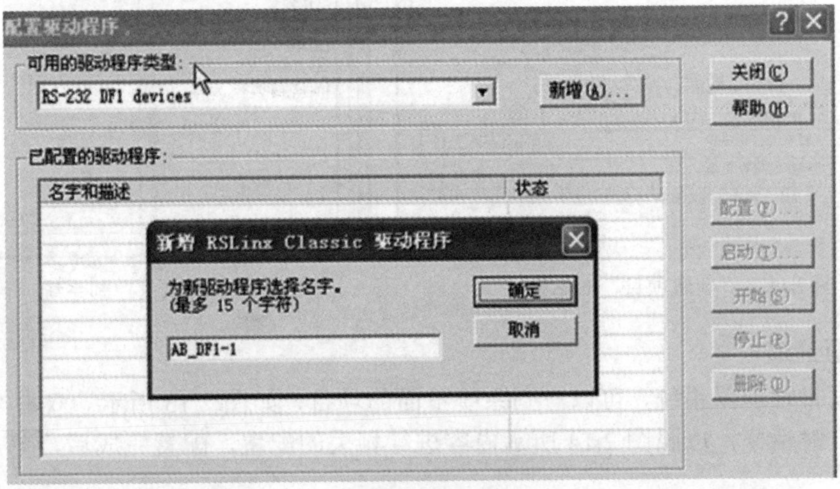

图 2.9　添加驱动

(2) 单击“确定”，出现如图 2.10 所示的对话框。如果采用的是 RS-232 串口通信，一般通信端口选择 COM1 或者 COM2，然后单击“自动配置”按钮，如果通信成功会显示自动组态成功。

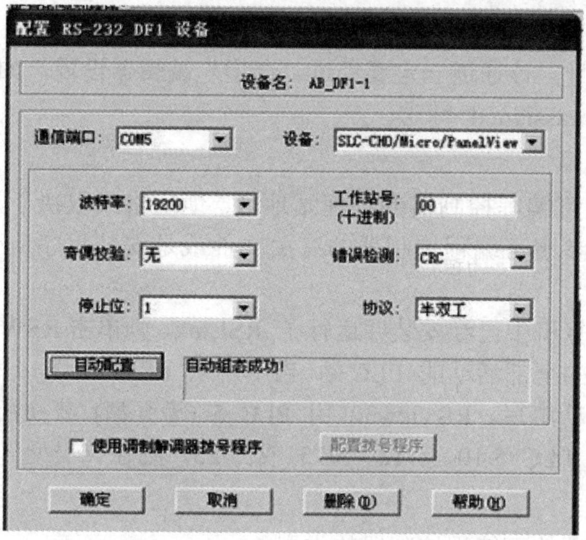

图 2.10　自动配置驱动

2. 创建水箱水位控制系统项目

打开 RSView32 Works 组态软件，单击“文件”菜单下的“新建”，弹出如图 2.11 所示的对话框。在此对话框中，选择用户要保存项目的路径，在项目名里填入“水箱水位控制系统”，然后单击“打开”按钮，弹出如图 2.12 所示的画面。至此，一个水位控制系统的项目就建立好了，以后所有相关的文件都会自动保存在这个文件夹下。

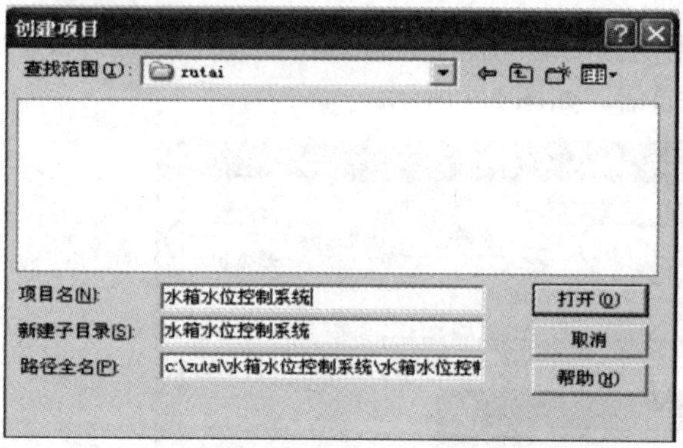

图 2.11　“新建项目”对话框

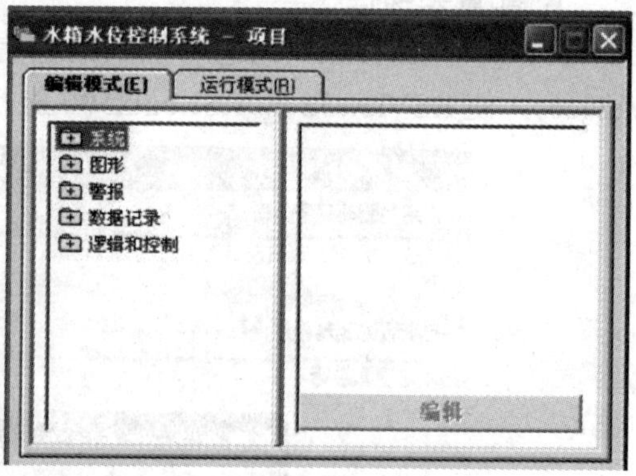

图 2.12　水箱水位控制系统项目管理器

3. 配置通道

打开项目管理器系统，可以看到系统下面的项目，如图 2.13 所示。双击“通道”打开“通道”对话框，按照图 2.14 所示内容进行相关的配置，配置完成后，单击“确定”按钮。

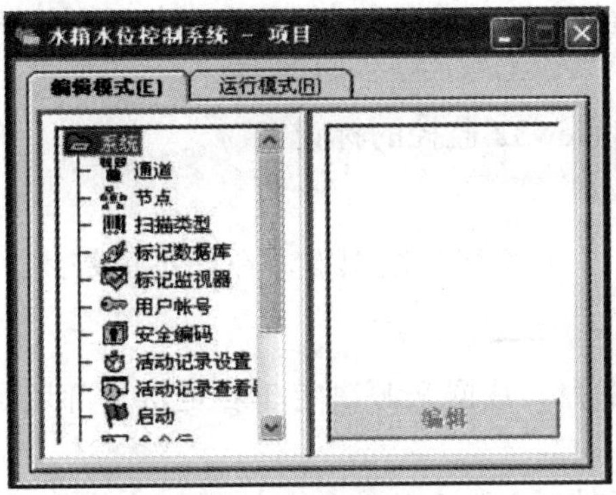

图 2.13　水箱水位控制系统下的项目

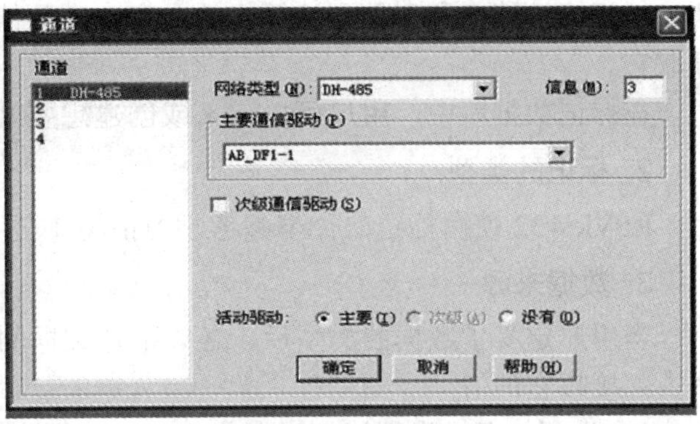

图 2.14　配置通道

4. 配置节点

双击图 2.13 中的“节点”，打开“节点”对话框，按照图 2.15 所示内容进行配置。配置完成后，单击“接受”按钮。

图 2.15　配置节点

任务 3　创建系统的标记数据库

任务描述

分析水箱水位控制系统所用到的变量，在 RSView32 组态软件中建立标记数据库。也就是说将 PLC 程序中相关的各个变量分别命名并添加到组态软件新建的“shuiwei”文件夹中。

任务分析及相关知识点

1. 标记和标记数据库简介

标记是设备或内存中一个变量的逻辑名字。当需要时，当前标记值可以由设备不断刷新。标记值被连接和存储到计算机的内存——数值表中，RSView32 的各个部件可以迅速存取它。

在标记数据库中，用户可以定义或创建想要 RSView32 监控的标记。

2. 标记的类型

RSView32 使用标记的类型参考学习情境 1 任务 3 中的相关知识点，在此不再赘述。

3. 数据来源

当用户定义了数据的类型后，必须指定数据的来源。数据来源决定 Tag 是从外部还是从内部接收它的值。

(1) 选择设备，当标记把设备作为它的数据来源时，它从 RSView32 的外部接收数据。数据来自 PLC 驱动程序或 DDE 服务器。以设备作为数据来源 Tag 的数量，根据用户所购买的软件有所限制，如 150 点、300 点、1500 点等。

(2) 选择内存，当标记把内存作为它的数据来源时，它从 RSView32 的内部数值表中接收数据。内存 Tag 可以用作存储内部值。以内存作为数据来源 Tag 的数量，不受限制。

任务实施

1. 创建文件夹

(1) 双击项目管理器系统文件夹下面的“标记数据库”，打开标记数据库对话框。

(2) 单击工具栏中的新建文件夹按钮，进入新建文件夹对话框，新建文件夹的名字为“shuixiang”，如图 2.16 所示。

图 2.16　创建标记数据库文件夹

(3) 单击“确定”按钮，水箱水位控制系统的标记数据库文件夹就建好了。这样的目的主要是使标记条理化，使其更加容易地编辑和整理标记。

2. 创建标记数据库

打开“shuiwei”文件夹，在文件夹中添加标记。这里我们可以建立 3 种不同的标记，分别为数字量标记、模拟量标记和字符量标记。根据水箱水位控制系统的需要我们只建立前两种 Tag。

1) 建立数字量标记

(1) 按照图 2.17 所示建立远程手动进水开关标记 switch_inlet，并且和 PLC 程序中的 B3:0/0 建立联系。

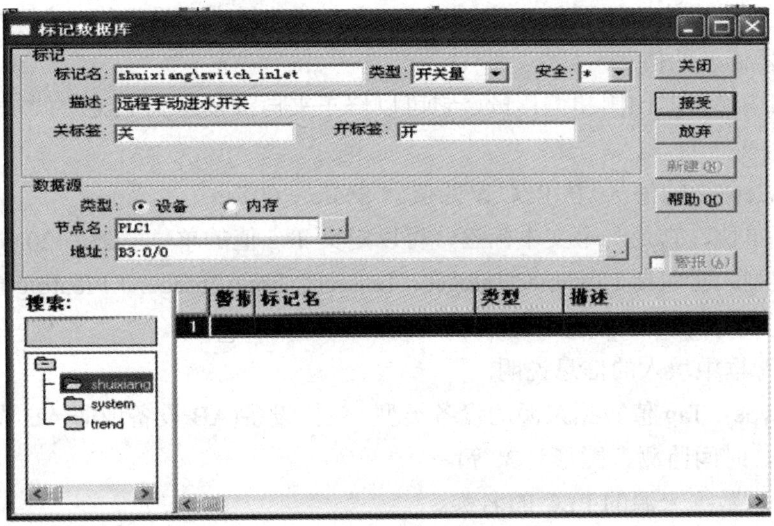

图 2.17　编辑数字量标记

注意：首先，节点名是在组态中完成的，单击后面的“...”后，选择建立的节点名即可。其次，地址中填入 RSLogix500 中所用的地址名即可，在填入地址时，程序中的最后一个点运算符一定要变成“/”符号。

(2) 标记建立完成后，单击“接受”按钮。

(3) 按照同样的方法分别建立远程手动出水开关、进水阀、出水阀和指示灯标记。

2) 建立模拟量标记

(1) 按照图 2.18 所示内容建立水箱水位标记 waterlevel，并且和 PLC 程序中的 N7:0 建立联系。

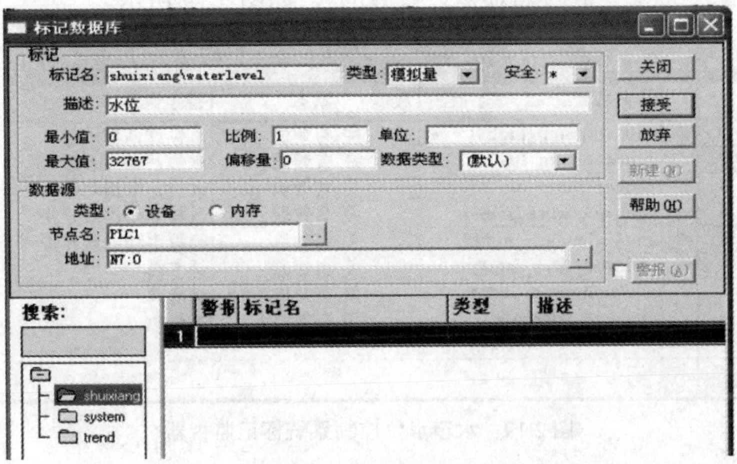

图 2.18　编辑模拟量标记

(2) 标记设置完成后，单击“接受”按钮，至此模拟量标记水位建立完成。

(3) 标记框中填入的信息说明。

• 安全：安全代码，选择不同的安全代码，可限制 Tag 的存取。

• 描述：注释信息，最多 128 个字符。

• 最小值和最大值：能写入 PLC 或 DDE 服务器的最小和最大值，它不能影响从 PLC 或 DDE 服务器读入的值。

• 比例和偏移量：比例和偏移量，它可以修正来自或发送到 PLC 的“原始数据”。公式如下：

进入 RSView32 的值 = 从 PLC 来的值 * Scale + Offset

• 单位：单位，它是一个文本标签，可以定义 Tag 值的单位，最多 20 个字符。

• 数据类型：它包括 Unsigned Integer、Integer、Long Integer、Floating Point、Byte、3-Digit BCD、4-Digit BCD 等几种。

(4) 数据源框中填入的信息说明。

• 类型(Type)：Tag 值数据来源的设备类型，包括设备(AB 设备或非 AB 设备)、内存(运用于导出 Tag、时间监测、图形对象等)。

• 节点名：数据来源的 PLC 的名称。

• 地址：Tag 值所对应的 PLC 的物理地址。

3. 检查通信是否正常工作

建立完通信后，要对通信是否正常工作进行检查，最简单的方法就是使用“标记监视器”。标记监视器会显示标记的数值和状态。具体流程如下：

(1) 在 RSView32 项目管理器中，打开“系统”文件夹，双击“标记监视器”打开标记监视器窗口。

(2) 创建一个标记监视器来监视上位机标记数据库与 PLC 的标记数据库是否连通。在“标记名”栏中，键入所创建的标记名，然后按回车键。如果通信正常工作，“数值”栏中将显示标记值，“状态”栏中将显示“有效的”，如图 2.19 所示。

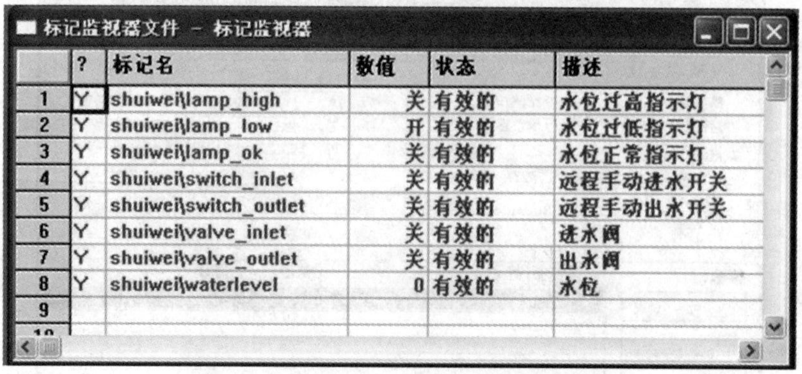
标记监视器文件 - 标记监视器

	?	标记名	数值	状态	描述
1	Y	shuiwei\lamp_high	关	有效的	水位过高指示灯
2	Y	shuiwei\lamp_low	开	有效的	水位过低指示灯
3	Y	shuiwei\lamp_ok	关	有效的	水位正常指示灯
4	Y	shuiwei\switch_inlet	关	有效的	远程手动进水开关
5	Y	shuiwei\switch_outlet	关	有效的	远程手动出水开关
6	Y	shuiwei\valve_inlet	关	有效的	进水阀
7	Y	shuiwei\valve_outlet	关	有效的	出水阀
8	Y	shuiwei\waterlevel	0	有效的	水位
9					

图 2.19　水箱水位控制系统标记监视器

(3) 在 RSLogix500 编程环境中将 PLC 的 N7:0 的值由初始值 0 更改为 0～32 767 中间

的任意值，观察标记监视器中各标记值的变化，以及 PLC 各输出端口的变化，如图 2.20 所示。

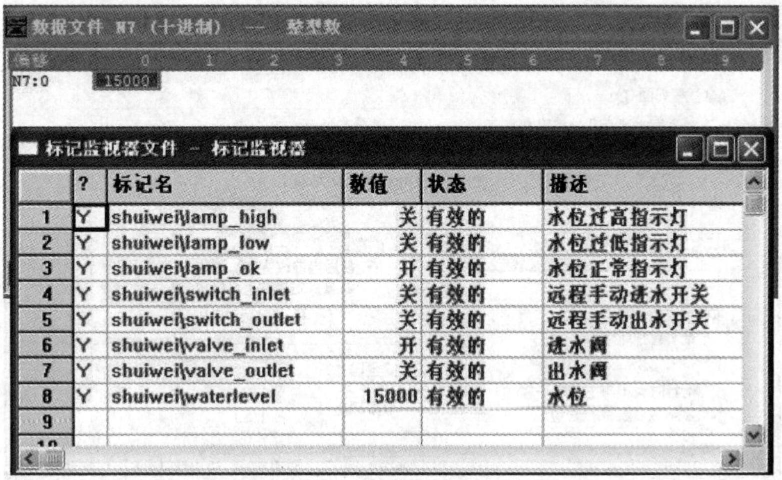

图 2.20　通信调试

任务 4　水箱水位监控系统主界面的设计

任务描述

(1) 利用 RSView32 绘制水箱水位监控系统主界面，要求画面美观大方。

(2) 对相关的元件进行动画设置，要求符合实际。能用旋钮开关的样式实现手动进水和手动出水开关的显示，能控制阀门开关。

任务分析及相关知识点

1. 水箱水位监控系统界面介绍

在水箱控制系统中，我们主要创建了 4 个窗体界面：登录界面(Land)、主界面(Main)、报警总汇(Alarm)及趋势图界面(Trend)。这 4 个界面中，登录界面主要是为保证系统的安全而设置的，用户凭账号和密码方能进入此系统，而且根据需要每个用户的权限可以不同。主界面是整个系统的监控主画面，画面中设置了手动控制按钮、报警指示灯及进出水指示灯等。报警总汇界面主要是监视液位的变化，在超出液位正常的范围内进行报警。趋势图界面也是用来监视水箱液位变化的。

2. 界面显示设置

在图形界面编辑器中，选择“编辑”菜单中的“显示设置”，进入“显示设置”对话框，如图 2.21 所示。

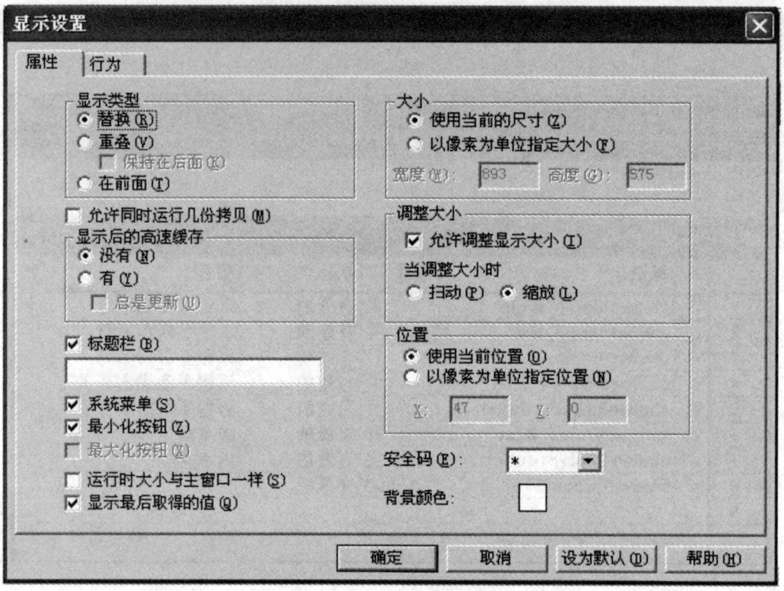

图 2.21 “显示设置”对话框

1) 设置属性

在属性对话框中，选择以下信息：

(1) 显示类型：包括替换、重叠、在前面。

(2) 大小：包括使用当前的尺寸、以像素为单位指定大小。

(3) 允许同时运行几份拷贝：如果有一个图形界面被参数文件所用，用户想要运行这个图形界面的多重拷贝，可以选择这个复选框。

(4) 显示后的高速缓存：该属性可以加快图形界面下一次显示的速度。缓存中可存储 40 页图形界面。

(5) 调整大小：允许用户在运行时调整图形界面的大小。

(6) 标题栏：输入图形界面的标题。

(7) 系统菜单：图形界面是否显示系统菜单。

(8) 最小化按钮：图形界面是否显示最小化按钮。

(9) 最大化按钮：图形界面是否显示最大化按钮。

(10) 运行时大小与主窗口一样：如果选择了这个复选框，则图形显示在开始运行时将采用 RSView32 主窗口的大小。

(11) 显示最后取得的值：选择这个复选框，图形界面将显示图形对象最后对应的 Tag 值，直到从 PLC 获得最新值。

(12) 位置：包括使用当前位置、以像素为单位指定位置。

(13) 安全码：为图形界面指定安全代码。

(14) 背景颜色：为图形指定背景颜色。

2) 设置行为(Behavior)

在行为行为标记中，选择以下信息，如图 2.22 所示。

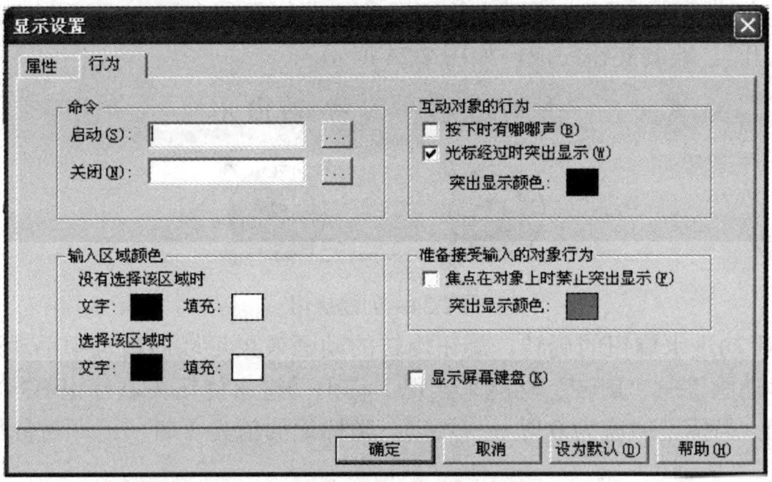

图 2.22　界面行为设置

(1) 命令：包括启动和关闭图形界面时执行的命令。

(2) 互动对象的行为：包括按压时发出鸣叫和当指针经过时突出它。

(3) 输入区域颜色：包括输入区域未被选中时和输入区域被选中时文本和填充的颜色。

(4) 准备接受输入的对象行为：可以用指定颜色突出它。

(5) 显示屏幕键盘：在运行时，当向输入区域输入数据时，屏幕上将显示键盘，用户可以用鼠标进行输入。

任务实施

1. 界面的绘制

系统监控主界面如图 2.23 所示。在这里旋钮从项目管理器的“图形”→“库”→“Buttons-Industrial”中选择，拖曳出来即可。水箱、管道和阀门按照同样的方法，分别从库中选择。水箱在库 Tanks 中，管道在 Pipes 3 中，阀门在 Valves 中。

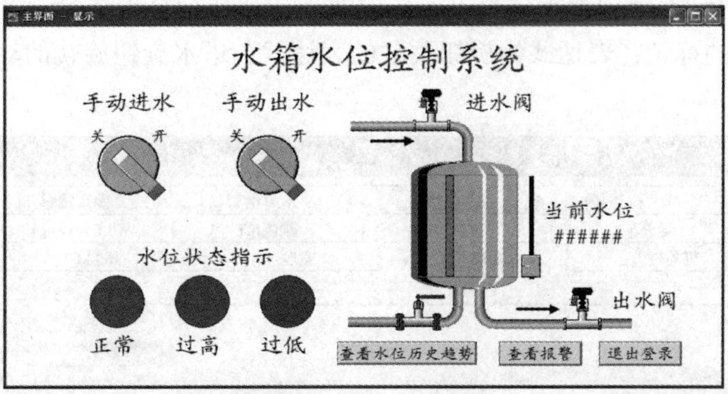

图 2.23　系统监控主界面

2. 旋钮的动作设置

(1) 创建旋钮。双击“图形”→“显示”，打开绘图主界面；调用系统库中的“Buttons”→“Industrial”的旋钮，复制两个到主界面中；在两个旋钮上方用文本输入工具分别输入

“手动进水”和“手动出水”；在两个旋钮默认指向位置和右旋 90° 后指向的位置分别输入“关”和“开”。绘制旋钮完成，如图 2.24 所示。

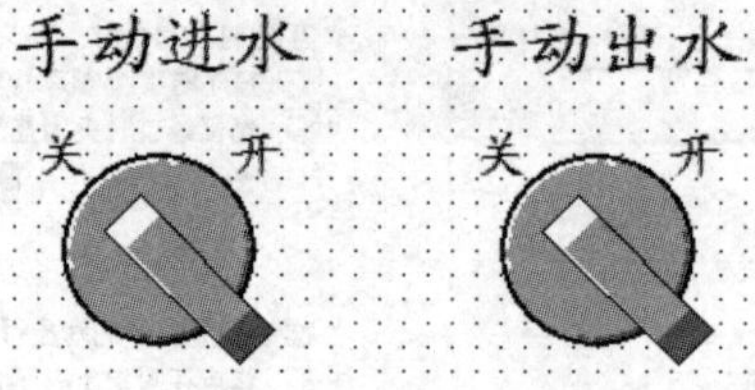

图 2.24　创建旋钮

(2) 设置手动进水旋钮的旋转。旋钮旋转的动画效果可以通过选中手动进水旋钮，单击右键选择“动画”→“旋转”功能来实现。将手动进水旋钮关联标记 B3:0/0；将手动进水旋钮设置为：当标记的值为 0 时——不动，当标记的值为 1 时——顺时针旋转 90°，如图 2.25 所示。

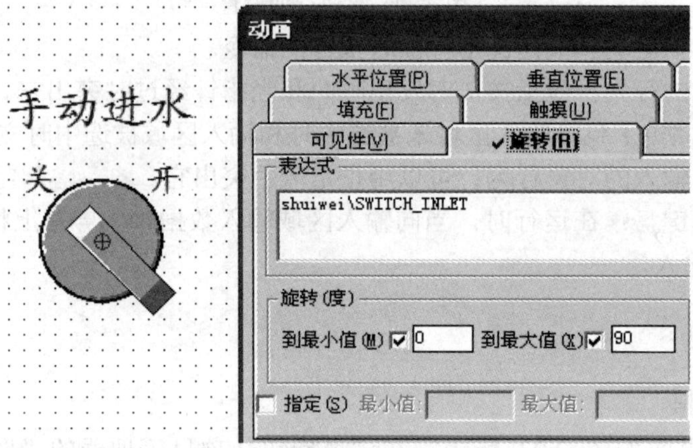

图 2.25　旋钮旋转的设置方法

说明：顺时针转，角度为正，反之为负；“到最小值”表示标记或表达式达到最小值时，对应的旋转角度；“到最大值”表示标记或表达式达到最大值时，对应的旋转角度；标记为旋钮关联的标记；表达式为旋钮关联的表达式。进水旋钮旋转的动画设置如图 2.26 所示。

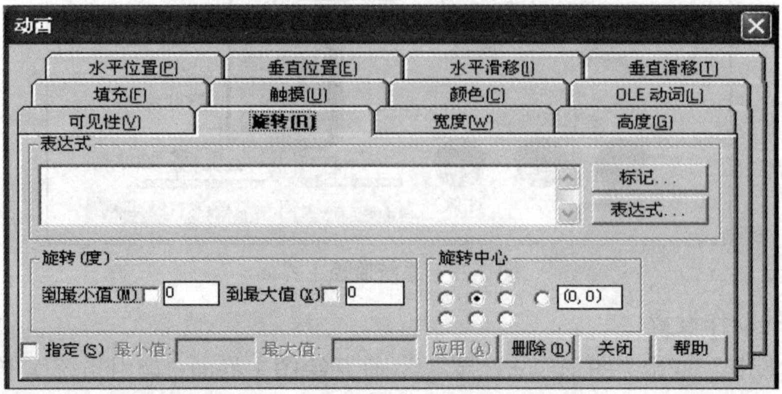

图 2.26　进水旋钮旋转的动画设置

(3) 设置手动进水旋钮的触摸。旋钮的控制功能可以通过“触摸”动画实现。将手动进水旋钮的“触摸”设置为：当按下操作时，改变标记的值，通过命令向导模式，第一步选择“系统”→“标记和数据库”→“Toggle”，第二步选择对应的标记，然后单击“应用”，如图 2.27 所示。

图 2.27　旋钮的触摸设置方法

(4) 设置完成后，调试手动进水旋钮。

单击 RSView32 的画面测试按钮，用鼠标单击旋钮，在 RSLogix 编程环境中观察 B3:0/0 的值是否发生了变化，如图 2.28 所示。

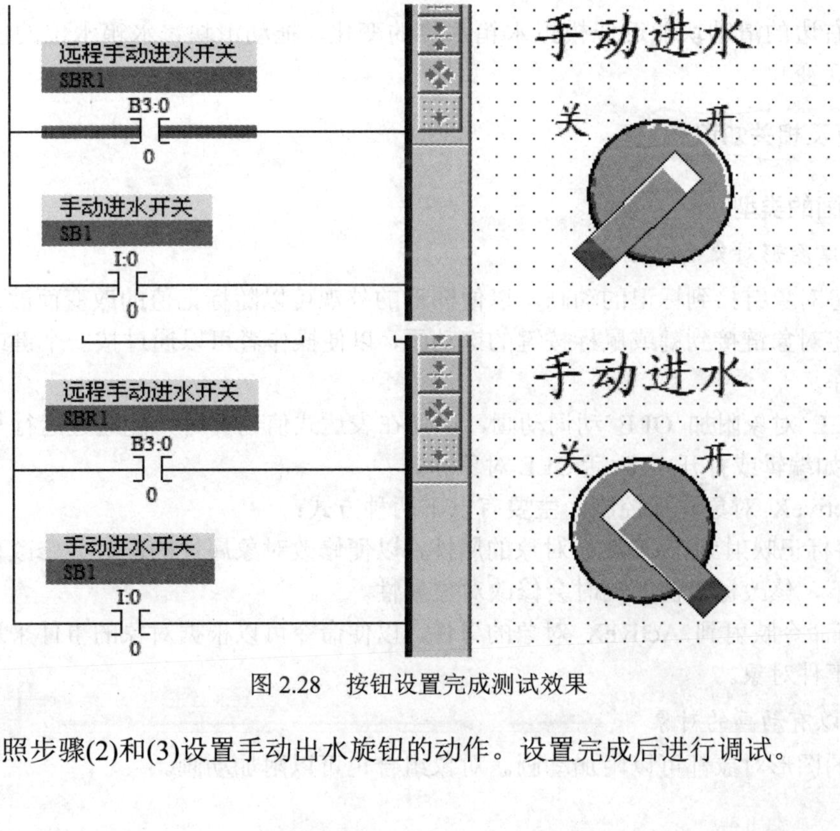

图 2.28　按钮设置完成测试效果

(5) 按照步骤(2)和(3)设置手动出水旋钮的动作。设置完成后进行调试。

任务5 水位监控系统人机界面的动画设置

任务描述

利用 RSView32 进行水位控制系统的动画连接，具体有以下要求：

1. 设置指示灯

在主界面中绘制表示水位正常、过高和过低的 3 个指示灯。其中不亮时均显示白色，点亮时分别显示绿色、橙色、红色，并配以适当的说明文字。

2. 设置进水阀和出水阀

当进水阀进水时，显示颜色为绿色；当进水阀没有进水时，显示颜色为红色。当出水阀出水时，显示颜色为绿色；当出水阀没有出水时，显示颜色为红色。

3. 设置进水和出水的箭头指示

当进水时，进水箭头可见并且闪烁；当出水时，出水箭头可见并且显示。没有进水和出水时，进水和出水箭头不可见。

4. 设置水位的数值显示

通过水箱中的填充条可以看到当前输入液位的高度，界面中能显示当前水位的数值。

5. 设置水位的模拟显示

水箱右边的滑动块能近似模拟水箱水位的变化，拖动滑块，水箱水位的值能在 0 到 32 767 之间变化。

任务分析及相关知识点

1. 动画的类型

1) 创建图形对象的动画

附加将对象链接到标记的动画，以便图形的外观可以随标记值的改变而改变。

附加将对象链接到键或鼠标按键的键动画，以便操作者可以通过按一个键或鼠标按键来执行操作。

向 OLE 对象附加 OLE 动词动画，以便在表达式值为真时，能通过运行与对象关联的动词(比如编辑或打开)来激活 OLE 对象。

向 ActiveX 对象附加控制，主要有以下两种方式：

(1) 将标记映射到 ActiveX 对象的属性，以便修改对象属性的同时会修改标记值，在某些情况下，修改标记值的同时会修改对象属性。

(2) 将命令映射到 ActiveX 对象的事件，以便命令可以根据对象的事件来运行，将标记映射到事件对象。

2) 可以有动画的对象

所有的图形对象都可以附加动画。对象组合也可以附加动画。

在一个对象中可以任意添加各种类型的动画。例如，对一个对象同时应用宽度和高度动画，在显示时可使其表现为放大和缩小。

3) 使用“动画”对话框

要附加动画，可使用“动画”对话框。要打开“动画”对话框，可执行以下任意一个操作：

(1) 选择一个对象，然后单击“查看”菜单上的“动画”。

(2) 选择一个对象，单击菜单栏上的“动画”以打开“动画”菜单，如图 2.29 所示，然后单击一个菜单选项。

(3) 右键单击对象以打开上下文菜单，接着单击“动画”，出现“动画”对话框，如图 2.30 所示。

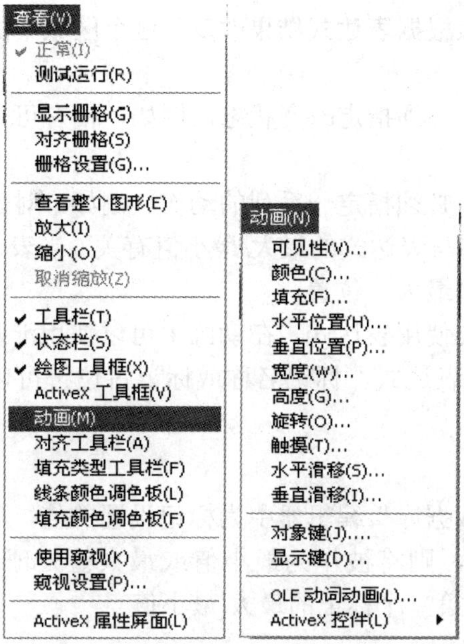

图 2.29　使用“动画”对话框

2. “动画”对话框

“动画”对话框是一个浮动对话框，也就是说可以始终将其打开或移动到屏幕任何位置，同时可选择其他对象以及打开其他对话框。“动画”对话框如图 2.30 所示。

图 2.30　“动画”对话框

1) “水平位置”等动画选项卡

单击“水平位置”等选项卡以配置所需的动画类型。

2) 表达式区

通过输入或选择表达式创建一个或多个表达式。多个表达式将以其列出顺序进行求值。

单击“标记”按钮并选择一个名称或直接输入一个名称，为表达式提供一个标记名称。如果在一个表达式中使用多个标记，第一个标记将作为最大值或最小值的依据(如果未指定)。在表达式中使用包含连字符或以数字开始的标记名称时，应将该名称放在{ }中。这可以将标记名称中的字符与表达式中的其他字符区分开来。在表达式中使用通配符(*或?)表示多个标记时，也应使用花括号{ }。

3) 表达式结果

指定对象外观是否应该根据表达式结果改变。这个区域中的每个框都随着每种类型动画的改变而改变。

对于某些类型的动画，必须指定改变状态。例如，带有可见性动画的对象将在可见与不可见之间切换。

对于其他类型的动画，必须指定一系列的动作。例如，对象从一个固定起始点移动到一个固定终点，移动的范围与表达式的最大/最小值有关。当表达式的值变为最大值时，对象从“最小”位置移动到“最大”位置。

很多类型的动画都需要使用表达式。在动画中可以使用涉及标记值、常量、数学公式和 if-then-else 编程路径的表达式。标记名称或标记占位符可以包括表达式，也可以独立作为整个表达式。

4) 最小值和最大值

如果不想使用“标记数据库”编辑器中为标记设置的值，可指定最小值和最大值。如果某个值处于指定范围外，则将被作为最小值或最大值处理。如果指定最大/最小值，RSView32 会使用表达式中第一个标记的最大/最小值。

5) 应用、删除和关闭按钮

这些按钮有以下功能：

(1) 应用：应用并验证为所选对象或对象组合配置的动画。单击“应用”，所配置的动画会应用到对象并被验证。

(2) 删除：删除所选对象的动画。

(3) 关闭：提示应用修改并关闭对话框。

3. 配置颜色动画

使用颜色动画，对象会根据标记值或逻辑表达式的结果改变颜色。任意对象最多可以指定 16 种颜色变化(A 到 P)。颜色可以是固定颜色或闪烁色。对于每种颜色变化，应指定要改变颜色时的值或阈值并指定要改变的颜色。在运行过程中，当值达到或超过阈值时，则颜色改变。

颜色动画不会影响字符串输入框、数字输入框或配方框。这些输入框的颜色在“颜色”选项中设置，如图 2.31 所示。

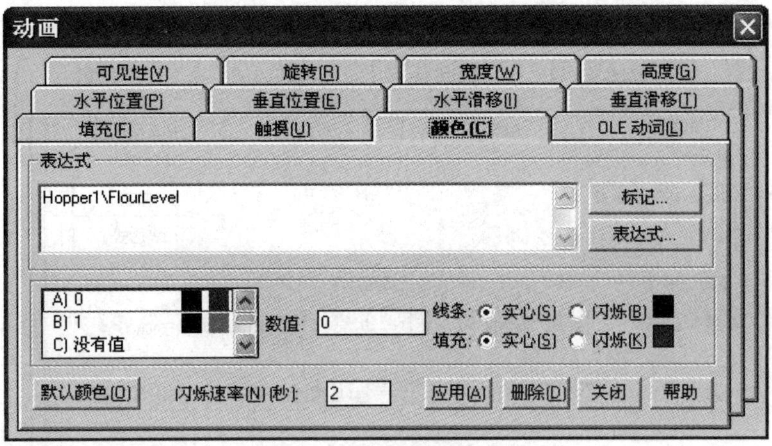

图 2.31　配置颜色动画

配置颜色动画的步骤如下：

(1) 选择对象。

(2) 单击“动画”对话框的“颜色”选项卡。

(3) 创建表达式。表达式可以是一个标记名称或更加复杂的表达。如果使用标记名称，则标记值决定颜色。

(4) 在列表框中选择要配置值和颜色的阈(A 到 P)。可以修改阈 A 和 B 的默认值和颜色。其他阈没有默认设置。

(5) 在“值”框键入新的阈值。当表达式值到达这个阈值时，对象的颜色将改变。

请以递增顺序输入阈值。也就是说，A 必须小于 B，B 必须小于 C，依此类推。选择一个阈并删除“值”框中的值，删除该阈(A 到 P)。在列表框中，该值将被“没有值”取代。

(6) 单击线条和填充色所需的固定或闪烁，然后单击线条和填充色。线条颜色应用到对象的轮廓和文字，填充颜色应用到对象的内部。将鼠标指针放在框上，单击以打开调色板，最后单击调色板中的颜色，选择颜色。

固定颜色只有一种线条颜色和填充颜色。

闪烁颜色有两种线条颜色和两种填充颜色，在闪烁时，对象将交替使用两种线条和填充色。如果选择闪烁，则两种颜色必须不同。

(7) 在“闪烁速率”框中指定每个闪烁周期的秒数。例如，如果指定 4 s，则对象将以一个颜色显示 2 s，另外一种颜色显示 2 s 的状态呈现。

(8) 单击“应用”。

4. 配置填充动画

使用填充动画，对象的填充级别会相对于标记的最大/最小值随标记值变化，如图 2.32 所示。对象的填充级别与表达式的值成比例。例如，如果表达式的值是最小值和最大值之间的中点，则对象将为半满。

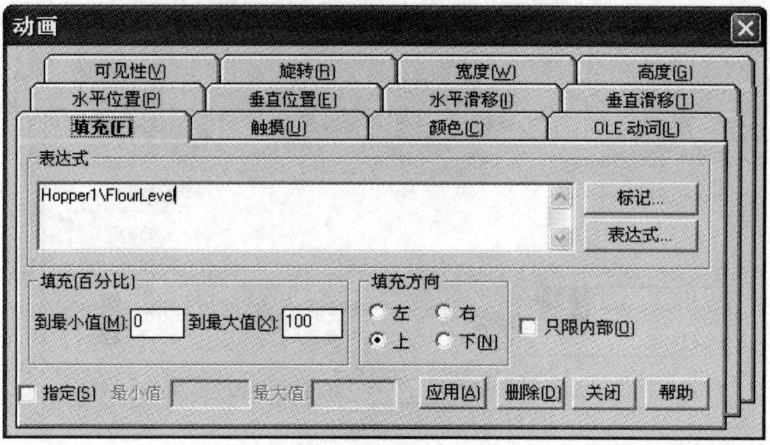

图 2.32　配置填充动画

配置填充动画的步骤如下：

(1) 选择对象。

(2) 单击“动画”对话框的“填充”选项卡。

(3) 创建表达式。表达式可以是一个标记名称或更加复杂的表达。如果使用标记名称，则标记值决定填充级别。

(4) 指定填充比例级别的最小值和最大值。

(5) 单击一个填充方向。

(6) 如果希望对象的轮廓保持不变，仅内部填充度变化，则选择“只限内部”复选框。

(7) 选择“指定”复选框并输入值，指定最小值和最大值。

(8) 单击“应用”。

5. 配置可见性动画

使用可见性动画，对象会根据标记值或逻辑表达式的结果变为可见或不可见，如图 2.33 所示。如果对象不可见，则为避免不必要的处理，附加在对象上的其他动画将不会被求值。

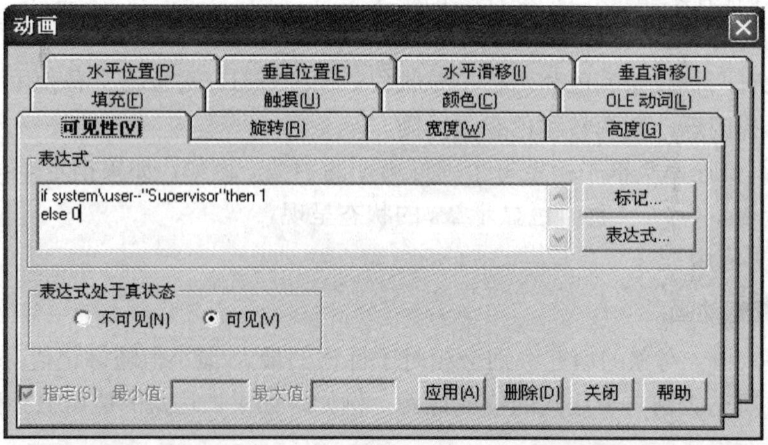

图 2.33　配置可见性动画

配置可见性动画的步骤如下：

(1) 选择对象。

(2) 单击“动画”对话框的“可见性”选项卡。

(3) 创建表达式。表达式可以是一个标记名称或更加复杂的表达。如果使用标记名称，则标记值决定可见性。非 0 的值均表示真。

(4) 如果希望在标记或表达式值为真时对象不可见(即不等于 0 时)，则单击“不可见”。如果希望在标记或表达式值为真时对象可见(即不等于 0 时)，则单击“可见”。

(5) 单击“应用”。

6. 配置垂直滑移动画

使用垂直滑移动画，可以创建一个图形对象来设置标记的值，如图 2.34 所示。要实现这个目标，需要定义对象的路径，然后使用鼠标垂直移动对象。对象的像素位置会转换为值写入标记。对象可以同时有水平滑移和垂直滑移两种动画。

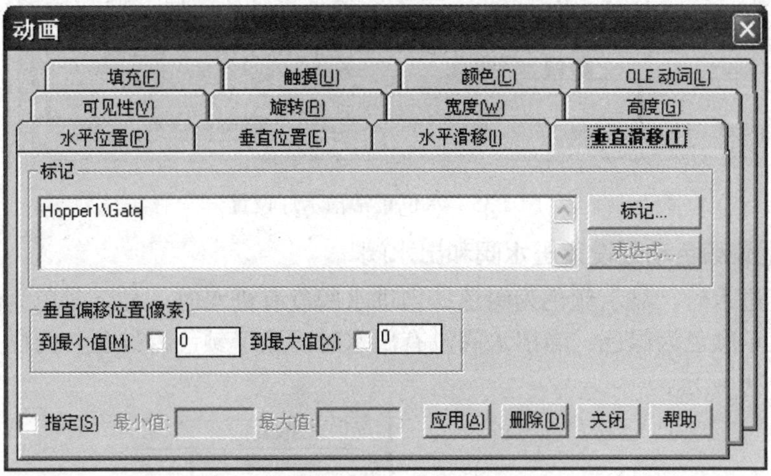

图 2.34　配置垂直滑移动画

配置垂直滑移动画的步骤如下：

(1) 选择对象。

(2) 单击“动画”对话框的“垂直滑移”选项卡。

(3) 输入要使用滑移确定值的标记的名称。

(4) 拖动对象或输入值来设置滑移对象的起点。选择“到最小值”复选框。

(5) 拖动对象或输入值来设置滑移对象的终点。选择“到最大值”复选框。

(6) 单击“指定”复选框并输入值，指定写入标记的最小值和最大值。

(7) 单击“应用”。

任务实施

1. 利用配置颜色动画设置指示灯

在主界面中绘制表示水位正常、过高和过低的 3 个指示灯。其中不亮时均显示白色，点亮时分别显示绿色、橙色、红色，并配以适当的说明文字。

(1) 选择对象正常指示灯。

(2) 单击“动画”对话框的“颜色”选项卡。

(3) 按照图 2.35 所示内容配置颜色动画。表达式为水位正常的标记。当表达式的数值为 0 时，填充颜色设置为无色；当表达式的数值为 1 时，填充颜色设置为绿色。

(4) 设置完成后，单击“应用”。

(5) 按照以上步骤分别设置水位过高和水位过低的指示灯。

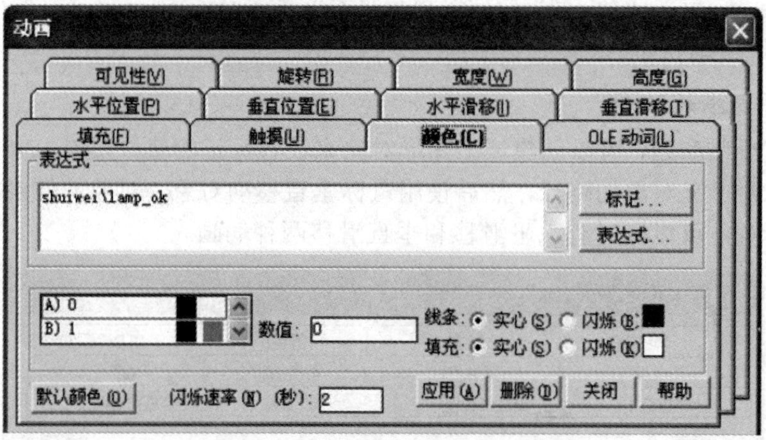

图 2.35　水位正常指示灯设置

2. 利用配置颜色动画设置进水阀和出水阀

当进水阀进水时，显示颜色为绿色；当进水阀没有进水时，显示颜色为红色。当出水阀出水时，显示颜色为绿色；当出水阀没有出水时，显示颜色为红色。同样采用颜色动画设置，如图 2.36 所示。

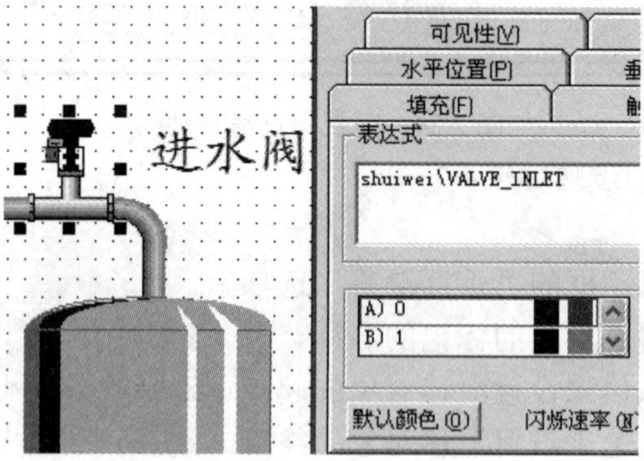

图 2.36　进水阀设置

3. 利用配置可见性动画设置进水和出水的箭头指示

当进水时，进水箭头可见；当出水时，出水箭头可见；当没有进水和出水时，进水和出水箭头不可见。

(1) 画箭头。箭头的尖端通过“库”→“Symbols”调用，箭头的后端可以通过画一条直线实现。默认的直线很细，粗细的调节可以通过单击右键→“属性”→“线条属性”→“线条粗细”实现。箭头效果图如图 2.37 所示。

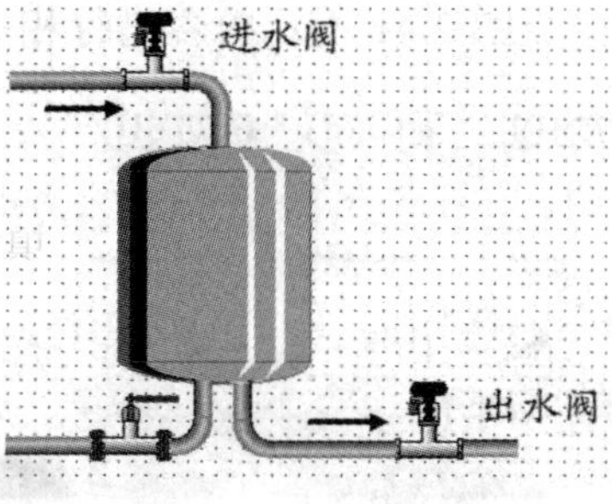

图 2.37　箭头效果图

(2) 选中“进水箭头”，单击“动画”对话框的“可见性”选项卡，按照图 2.38 所示内容进行可见性设置。

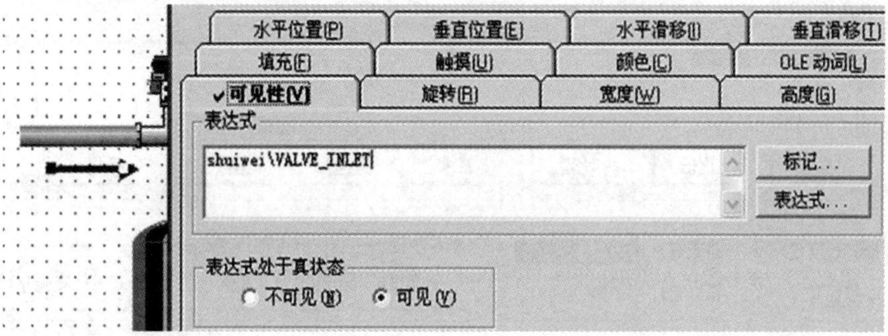

图 2.38　进水箭头可见性设置

(3) 设置完成后，单击“应用”按钮。

(4) 按照同样的步骤设置出水指示箭头。

4. 利用填充动画设置水位的显示

在水箱中的水位条可以看到当前输入液位的高度，界面中能显示当前水位的数值。

(1) 给水箱配置水位显示条，水位条可以通过一个填充颜色的矩形方框进行显示。

(2) 将方框与 N7:0 对应的标记关联，在属性中选择填充颜色，在“填充”选项卡中设置填充方向、标记达到最大/最小值时对应的填充百分比，如图 2.39 所示。

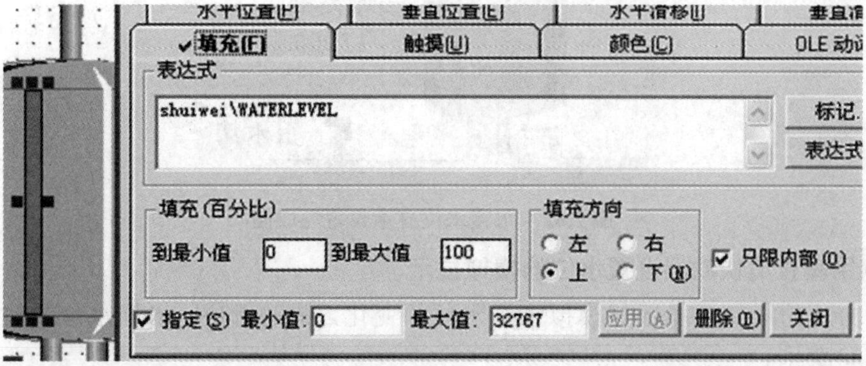

图 2.39　水位显示条的设置

(3) 给水位显示条配置数值显示，可以用数值显示控件和数值型变量关联，字符串的文本内随数值变化不断刷新，如图 2.40 所示。在画面的适当位置拖动出一个数值显示控件，系统自动弹出动画设置窗口，按照图 2.41 所示内容进行相关的数值显示设置。

图 2.40　数值显示工具栏

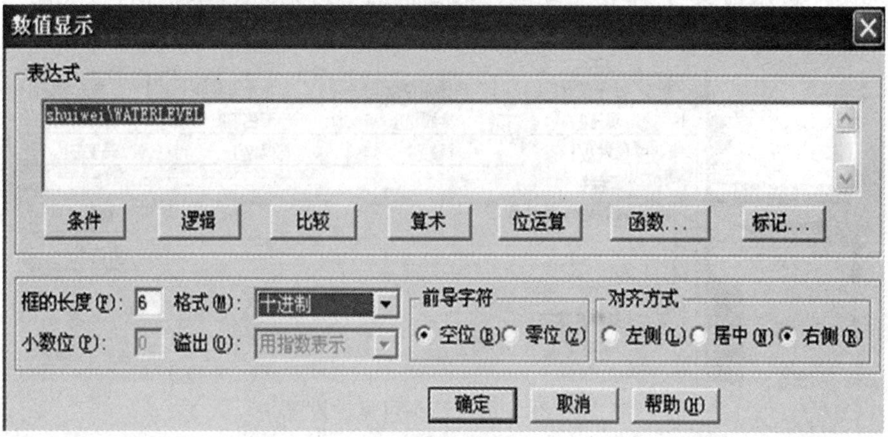

图 2.41　水位的数值显示设置

(4) 配置完成数值显示后，添加必要的文字，设置完成后，测试运行，水位条及数值显示如图 2.42 所示。

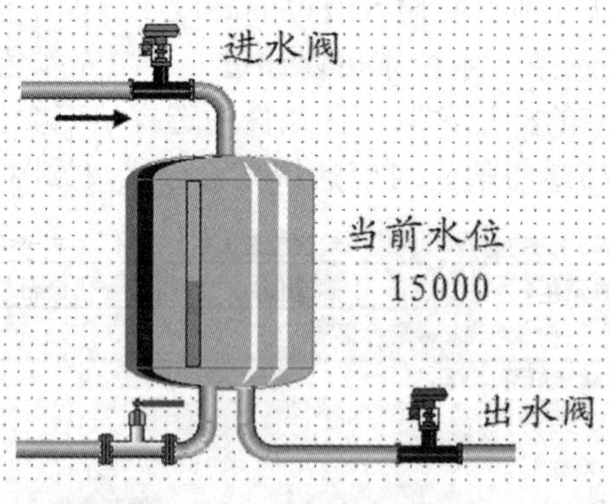

图 2.42　水箱水位显示设置完成图

5. 利用垂直滑块动画设置水位的模拟显示

水箱右边的滑动块能近似模拟水箱水位的变化，拖动滑块，水箱水位的值能在 0 到 32 767 之间变化。

(1) 滑动块的位置在“库”→“Slider”。把滑动块放到水箱旁边，选择矩形滑块，单击右键，选择“动画”→“垂直滑移”，打开“垂直滑移”对话框，如图 2.43 所示，这里标记设置为水位的标记(因原图较大，这里只截取了主要部分。下同)。

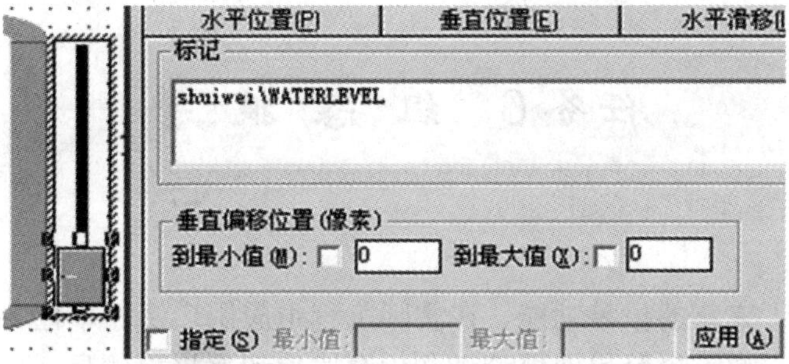

图 2.43　滑块的标记设置

(2) 当对应的标记达到最大值和最小值时，滑块需要设置在垂直方向的位置，设置方法需要填写“到最小值”和“到最大值”两个方向。先将滑块滑到最下方，勾选“到最小值”后面的复选框，如图 2.44 所示；然后将滑块向上滑动，“到最大值”后面的数值会自动更新，当到达合适的位置后，勾选“到最大值”后面的复选框即可，如图 2.45 所示。

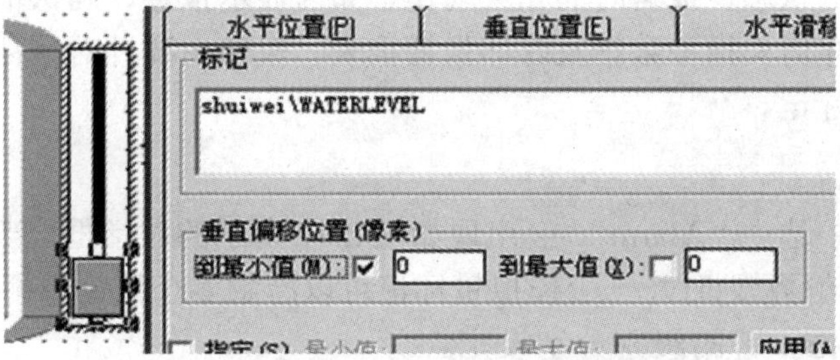

图 2.44　滑块最小值设置

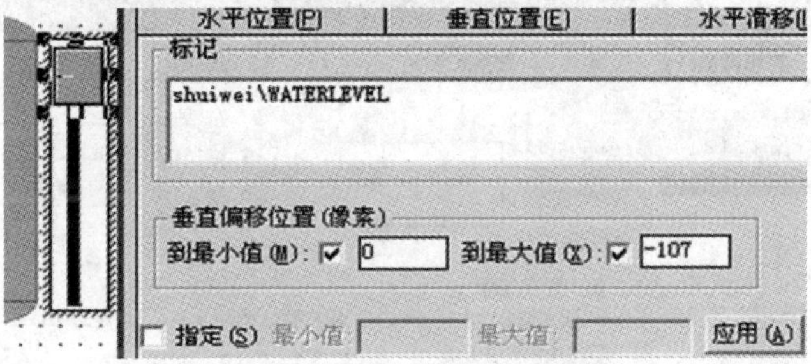

图 2.45　滑块最大值设置

(3) 单击“应用”，完成设置。完成设置后，测试运行，拖动滑块，水位值以及填充百分比均发生变化，如图 2.46 所示。

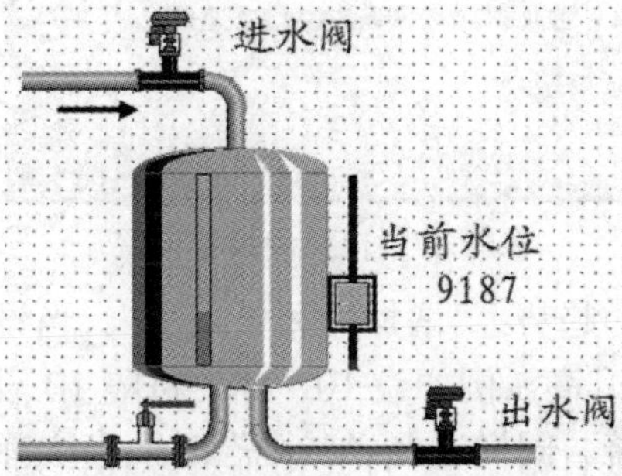

图 2.46　水位模拟完成图

任务6　组 态 报 警

任务描述

组态软件提供了完善的报警功能，在实际工程中应用广泛。本任务围绕实例，具体介绍组态报警的方法，通过报警界面可查询和保存水位超标报警信息。

任务分析及相关知识点

在 RSView32 中用户可以建立一个完整的报警系统，报警的建立对实际应用具有重要意义。通过它用户可以知道具体哪里出了问题，出了什么问题。用户可以通过设置报警线、报警等级、报警时的状态、报警时的相关动作、如何显示报警、确认报警等描述具体的对象。当然也可以保存历史报警数据及打印报警报表。报警主要针对具体采集对象标记，包括模拟量和数字量标记。

1. 模拟量报警

在标记数据库中选中“Alarm”，会出现如图 2.47 所示的对话框。当实际标记值穿越已经设定好的报警阈值(界限)时，一个模拟量标记可以产生多个报警。用户最多可以设定 8 条报警界限，要根据报警的级别分别设定。

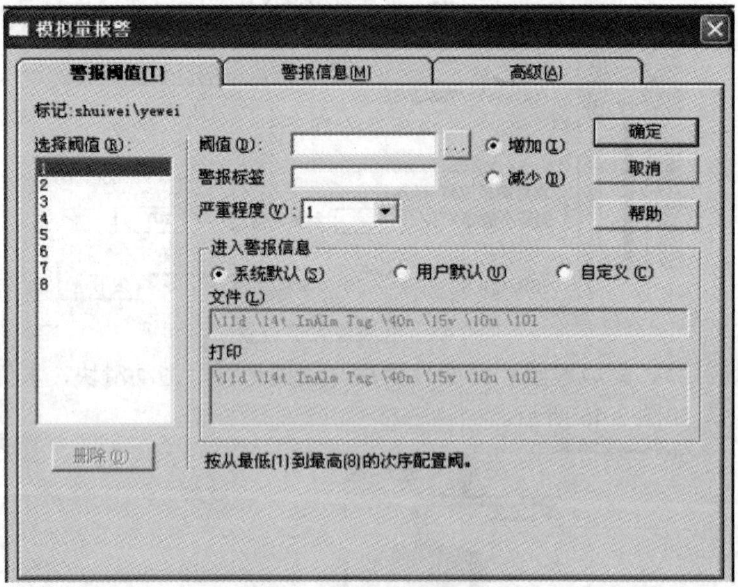

图 2.47　模拟量报警设置

用户可以设定报警发生的趋势：“增加”和“减少”。当设定“增加”时，最低的是界限 1，最高的是界限 8，依次升高。例如设 10～80，每隔 10 设一条报警线，当实际值向上穿越报警界限时，系统会报警。同样选择“减少”时，当实际值向下穿越报警界限时，系统会报警。

2. 数字量报警

数字量报警设置如图 2.48 所示。数字量标记只有开和关两种状态，报警根据状态触发。

开：当标记值为 1 时触发报警。

关：当标记值为 0 时触发报警。

任何改变：当标记值从 1 变为 0 或从 0 变为 1 时触发报警。

转换到开：当标记值从 0 变为 1 时触发报警。

转换到关：当标记值从 1 变为 0 时触发报警。

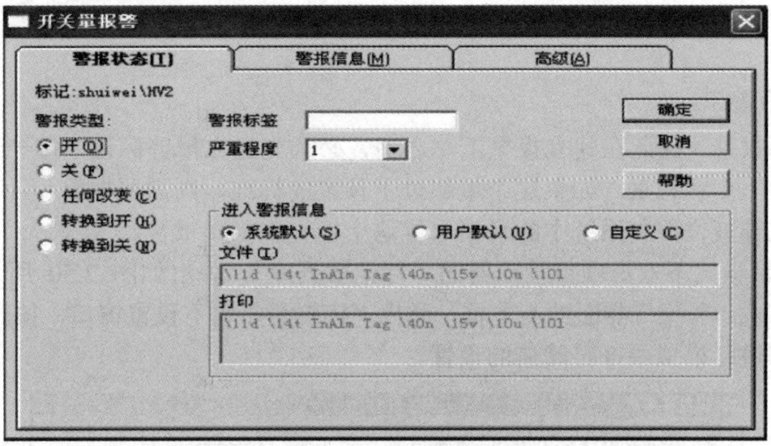

图 2.48　数字量报警设置

3. 报警等级

1 级为最高，8 级为最低，可把最重要的报警定为 1 级。

4. Alalm Log File 报警登录文件

该文件记录报警发生时的状态，用户可以设定多长时间产生该文件、删除该文件。在 RSView32 中可以用报警登录阅读器来查看文件。同样可以用其他软件(如 Excel)来查看。

Alarm Log Viewer 报警登录阅读器如图 2.49 所示。

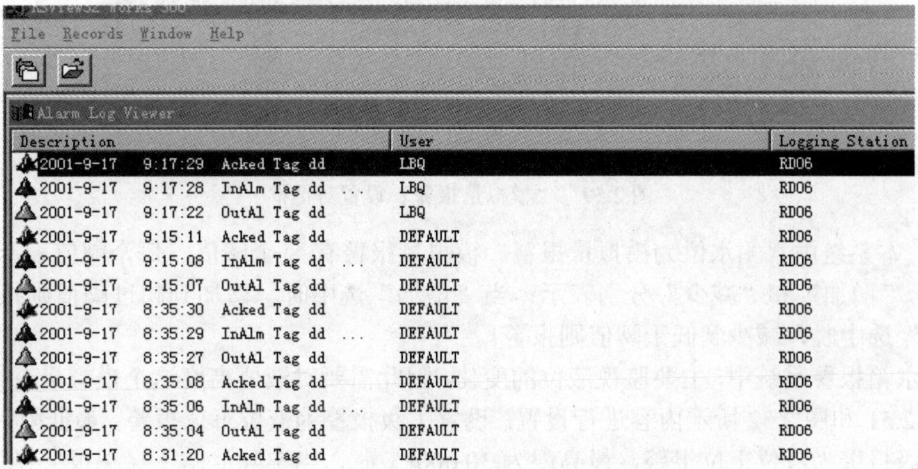

图 2.49　Alarm Log Viewer 报警登录阅读器

我们通过报警文件来查看报警内容，报警文件内容取决于用户如何在报警设定编辑器中设定报警等级。一般情况下，主要由以下内容组成：

(1) 何时标记值报警。

(2) 何时标记值解除报警。

(3) 何时确认报警。

(4) 何时产生报警故障。

(5) 报警报表。

任务实施

1. 建立报警 Tag

系统需要报警，因此在建立报警汇总之前，必须先建立报警标记，每一个标记实际上代表着系统的一个状态量，如果这个量超过了预定的标准，则需要报警。

下面以水箱液位控制系统中的水箱水位这个标记来制作报警。

(1) 在编辑模式下双击项目管理器的“标记数据库”，弹出如图 2.50 所示的对话框，在对话框中勾选“警报”前面的小方框，弹出“模拟量报警”设置窗口，按照图 2.51 和图 2.52 所示内容进行模拟量报警阈值的设置。

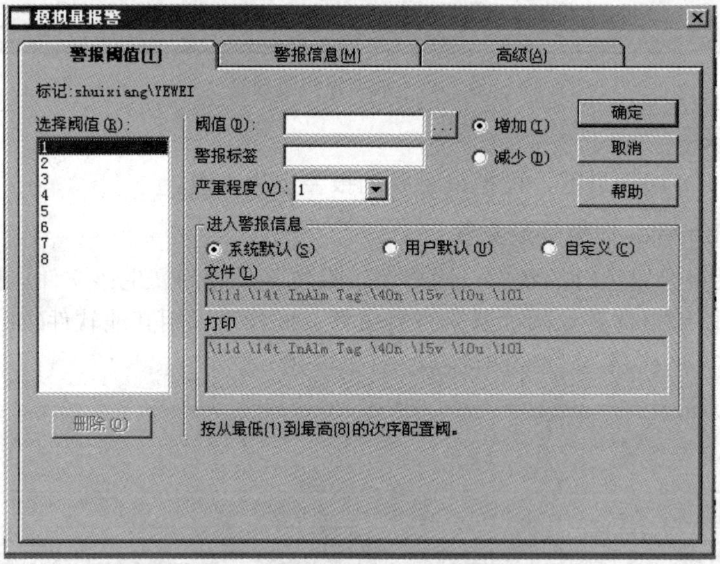

图 2.50　“模拟量报警”设置对话框

(2) 本系统中水箱水位为模拟量报警。模拟量报警有 8 个阈值，每个阈值表示报警的临界值。“增加”和“减少”分别表示：当“增加”选中时，增加到超过阈值则报警；当“减少”选中时，减少到低于阈值则报警。

在水箱报警系统中，主要监视液位的变化，因此需要对液位高度这个模拟量进行报警。按照图 2.51 和图 2.52 所示内容进行设置。设置 1 级报警为液位下位报警，最低限为 5000；设置 2 级报警为液位上位报警，最高限为 30 000。

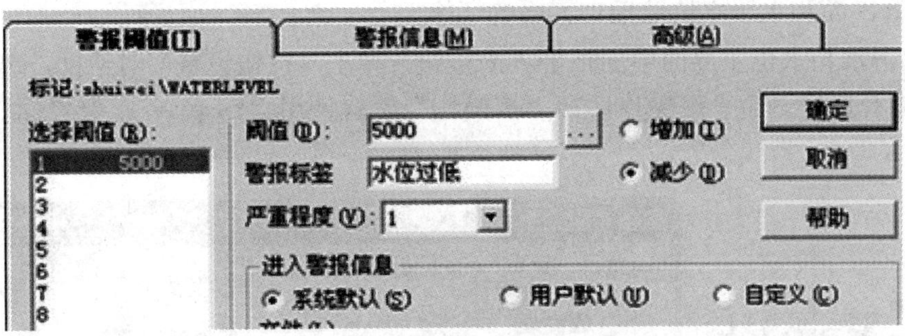

图 2.51　编辑报警下限对话框

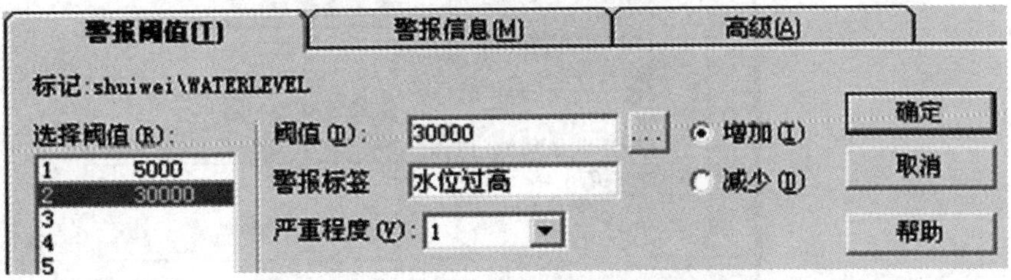

图 2.52　编辑报警上限对话框

(3) 单击“确定”按钮，完成报警标记的建立。

2. 建立报警汇总界面

报警标记建立完成后，应该建立报警汇总以便操作员能够查看一些报警信息。如报警日期、报警时间、报警标记等。

建立报警汇总界面步骤如下：

新建一个空白画面，保存为“报警画面.gfx”。在绘图工具栏中选择报警汇总工具，建立报警汇总。拖动鼠标画出一个合适大小的报警汇总的方框。看到一个空白的报警汇总后，单击“插入”菜单添加标题，可以插入警报标签、警报日期、警报严重程度等标题，如图 2.53 所示。

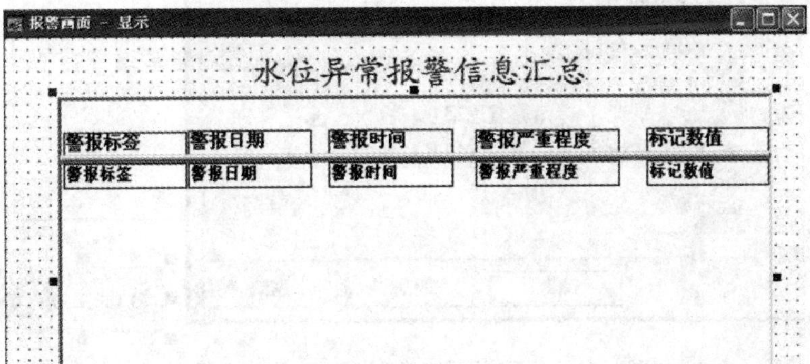

图 2.53　系统报警汇总界面图

3. 报警界面和水箱水位监控主界面的切换

(1) 双击水箱水位主界面中的报警界面按钮，弹出“按钮设置”对话框，选择“操作”选项卡，接着选择“命令”操作，在“按操作”位置使用“Display 报警界面”命令，如图 2.54 所示。

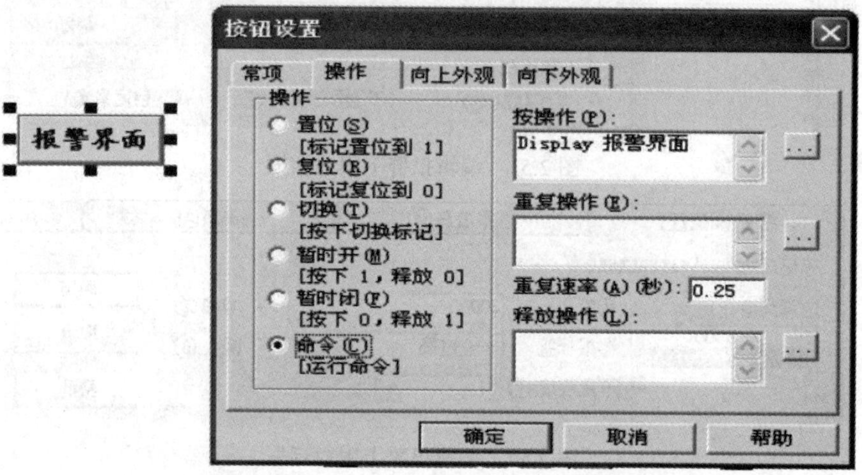

图 2.54　主界面切换到报警界面的按钮设置

(2) 双击报警界面中的返回主界面按钮，弹出“按钮设置”对话框，选择“操作”选项卡，接着选择“命令”操作，在“按操作”位置使用“Display 水箱水位监控主界面”命令，如图 2.55 所示。

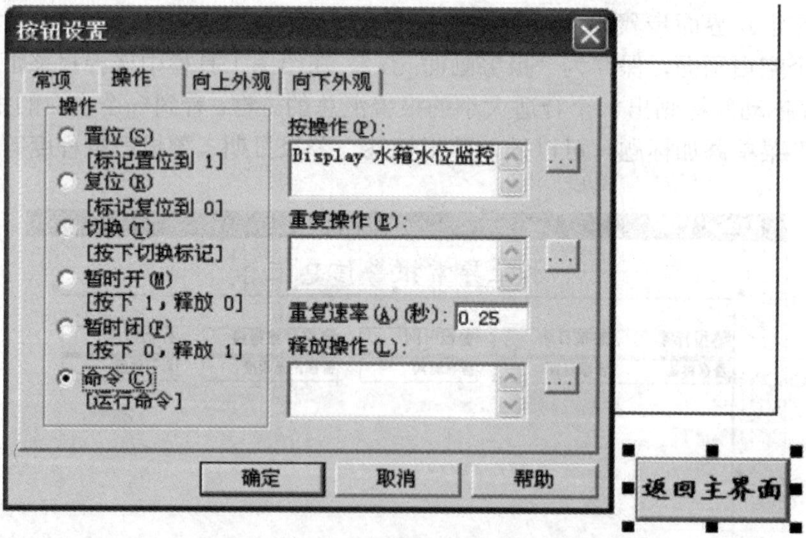

图 2.55　报警界面切换到主界面的按钮设置

至此，主界面和报警界面都设置完成，将项目由编辑模式切换到运行模式，拖动滑块，使水位超上限或低于下限，打开报警窗口，观察报警信息，如图 2.56 所示。模拟量由处于报警状态自行恢复正常后，该条报警信息会变为解除报警的颜色，这点和数字量报警不同，需要注意。

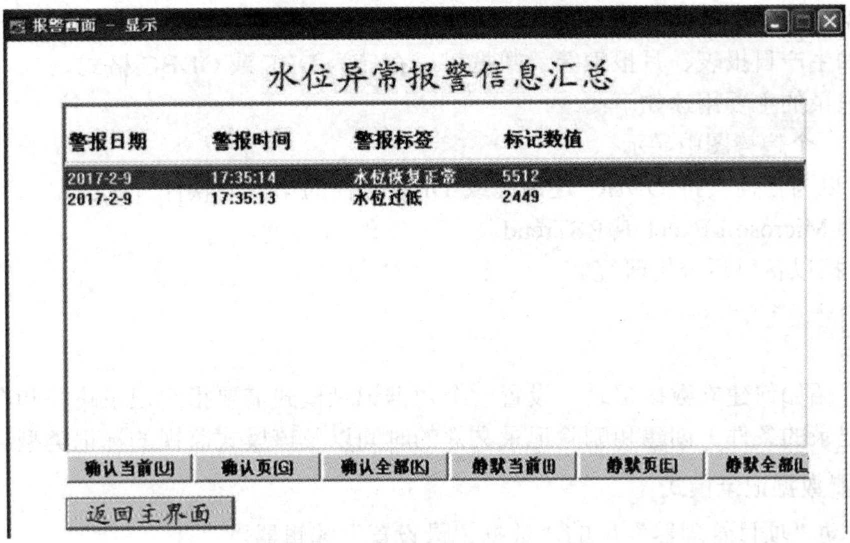

图 2.56　水位报警显示界面

在这里需要注意的是，如果报警没有显示，可能是报警没有打开，我们可以选择“项目管理器”→“系统”→“启动”，打开“启动”对话框，在运行项目时启动警报，如图 2.57 所示。

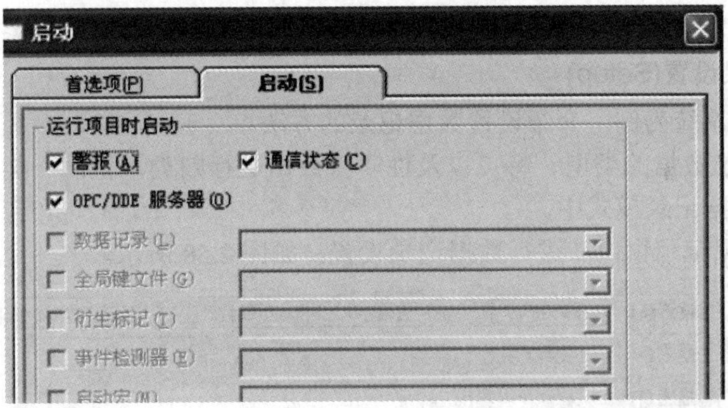

图 2.57　启动报警设置

任务 7　组态数据记录

任务描述

本任务主要学习如何进行组态数据记录，通过数据记录文件我们可以随时查看在某一时间水箱水位的数值。

任务分析及相关知识点

所谓数据记录就是在特定的条件下保存指定标记数值或数据的过程。RSView32 具有强大的数据记录功能。在“数据记录设置”编辑器里，用户可以创建不同内容的数据记录模式，例如生产日报表、月报表等。数据可以存储为.DBF 或 ODBC 格式。

数据记录的主要用途如下：

(1) 在一个趋势图中显示。

(2) 可以与任何支持 ODBC 连通性或 DBF 文件的第三方软件一起使用，进行分析或显示，例如 Microsoft Excel 或 RSTrend。

(3) 存档以备日后分析研究。

任务实施

下面介绍如何建立数据记录。设置一个数据记录模式需要指定记录路径和存储格式、触发数据记录的条件、创建和删除记录文件的时间以及该模式监视的标记类型。

1. 设置数据记录模式

(1) 启动“项目管理器”里的“数据记录设置”编辑器。

(2) 在设置、路径、文件管理、记录触发和模式中的标记选项卡里定义模式。

(3) 单击“确定”保存模式，在“另存为”对话框里键入该数据记录的名称。

在这里需要注意，一个项目最多可以同时运行 20 个数据记录模式、记录 10 000 个标记；在一个项目中，最多可以记录 10 000 个窄数据记录的标记，最多可以记录 100 个宽数据记录的标记。

2. 数据记录设置(Setup)

以水箱控制系统为例，介绍设置数据记录的方法。

(1) 按照记录数据的类型、特点以及性质将数据进行归类，把同一类数据记录标记集中汇总到一个数据记录模式中。

(2) 打开数据记录窗口，进行数据记录设置，如图 2.58 所示。

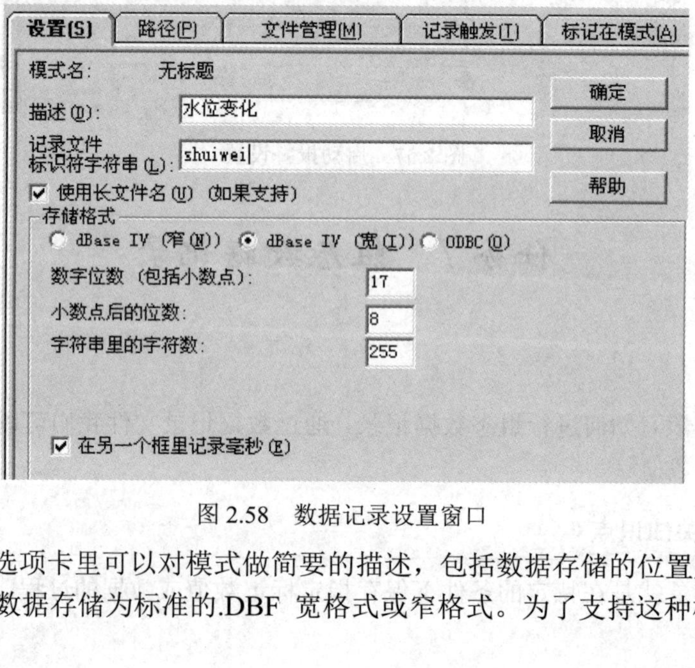

图 2.58　数据记录设置窗口

在“设置”选项卡里可以对模式做简要的描述，包括数据存储的位置及记录文件的存储格式。记录的数据存储为标准的.DBF 宽格式或窄格式。为了支持这种格式，数据记录文件是一组组创建的。每组的文件数取决于文件的格式(窄或宽)。存储格式下面的框用来指定记录文件里显示数据的字符个数。另外，.DBF 格式文件可以使用 Excel 打开并进行编辑。本例中选择.DBF 格式存储数据。

3. 路径设置(Paths)

在“路径”选项卡里指定数据存储的位置，如图 2.59 所示。一般情况下，数据存储在主要路径上。只有在无法访问主要路径时才会记录到次级路径(如果指定了次级路径)，例如当网络无法连接到主要路径时，或者是主要路径所在磁盘已满时。本例中不做任何设置，选择默认即可。

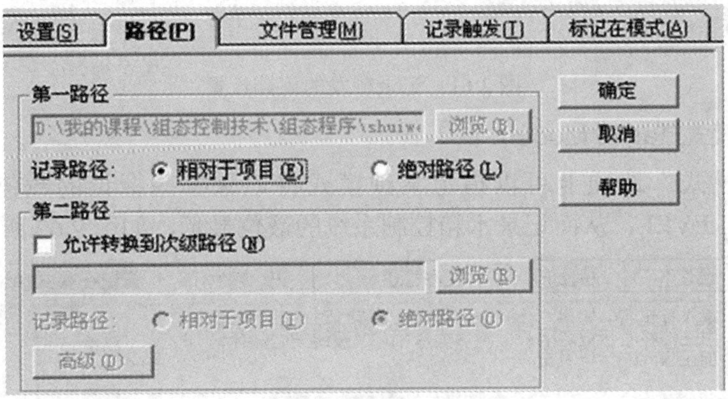

图 2.59 记录路径设置

4. 文件管理(File Management)

在“文件管理”选项卡里可以指定何时创建新文件以及何时删除旧文件，如图 2.60 所示。窄格式文件每次创建一组 3 个，宽格式文件每次创建一组 2 个。系统自动给出“数据记录”文件名。本例中采用默认设置。

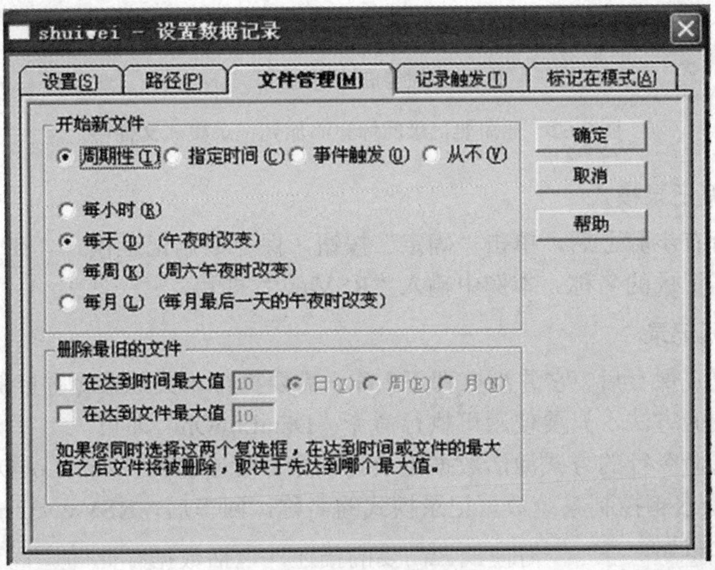

图 2.60 文件管理组态

5. 记录触发(Log Trigger)

在“记录触发”选项卡里，用户可以指定何时触发对标记数值的记录。本例中选择以 10 s 为周期进行数据记录，如图 2.61 所示。

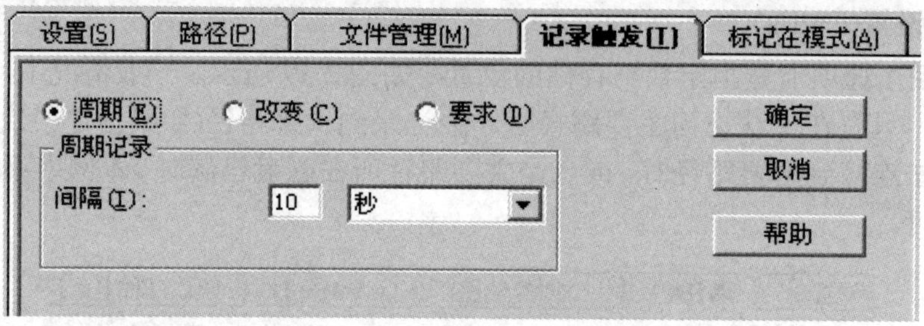

图 2.61　记录触发的周期设置

6. 标记在模式(Tag in Model)

“标记在模式”选项卡可以指定某种模式将记录哪些标记的数值。本例中添加 shuiwei\WATERLEVEL，从而记录水箱控制系统的液位显示，如图 2.62 所示。

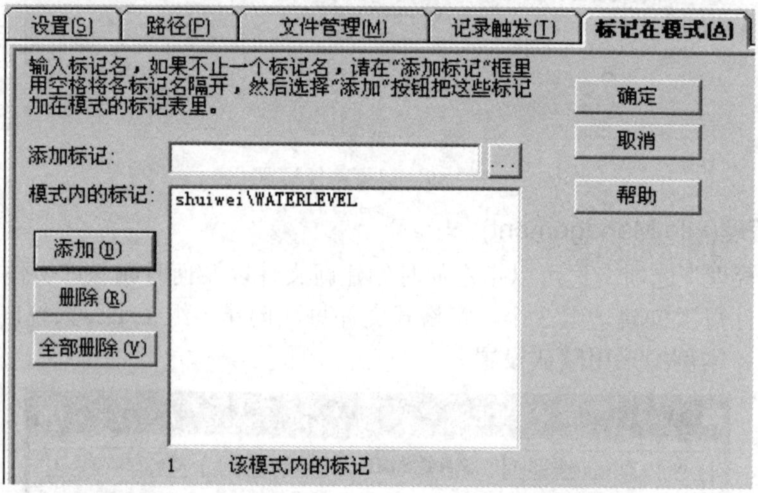

图 2.62　把需要记录的标记添加到记录模式文件中

7. 保存数据记录模式

完成以上所有步骤之后，单击“确定”按钮，保存数据记录模式。在“另存为”对话框里键入该数据记录的名称。本例中输入“RSView”即可。

8. 运行数据记录

数据记录模式保存后，它并没有真正工作，需要执行相关的命令才能激活。RSView32 有多种激活记录的方法，只要使用可执行命令“DataLogOn”即可。

本例中使用命令行的方式激活数据记录。在命令行中输入“DataLogOn RSView”，其中“RSView”是水箱控制系统数据记录模式的名称，回车后，RSView32 便依据相应的数据记录模式记录数据。

使用 DataLogOff RSView 来停止该数据记录模式记录。

9. 使用 Excel 查看数据记录

(1) 运行 Excel。

(2) 选择“文件/打开”，在文件类型中选择 dBase 数据格式，然后根据上面定义的文件记录路径查看相应的记录文件，如图 2.63 所示。

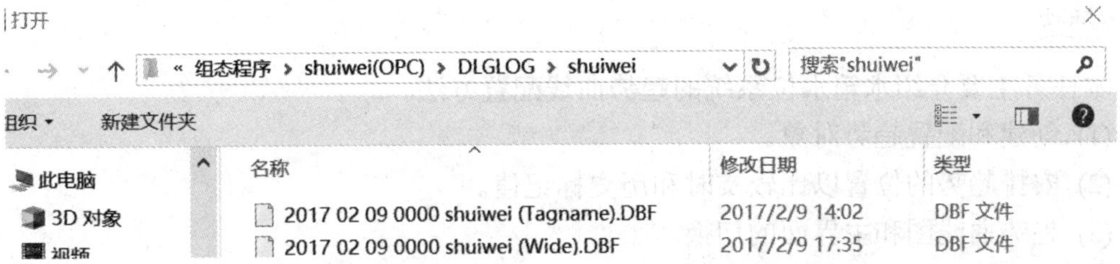

图 2.63　使用 Excel 打开相应的数据记录

(3) 在 Excel 表中可以看到水箱液位显示(SHUIWEI\WATERLEVEL)的数值，如图 2.64、图 2.65 所示。

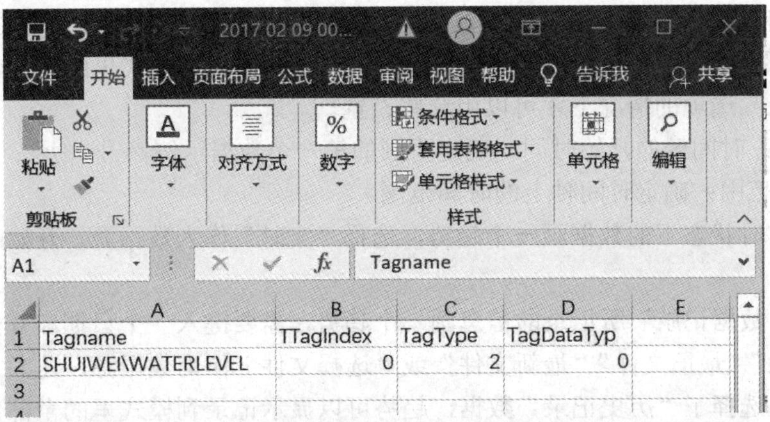

图 2.64　Excel 显示图(1)

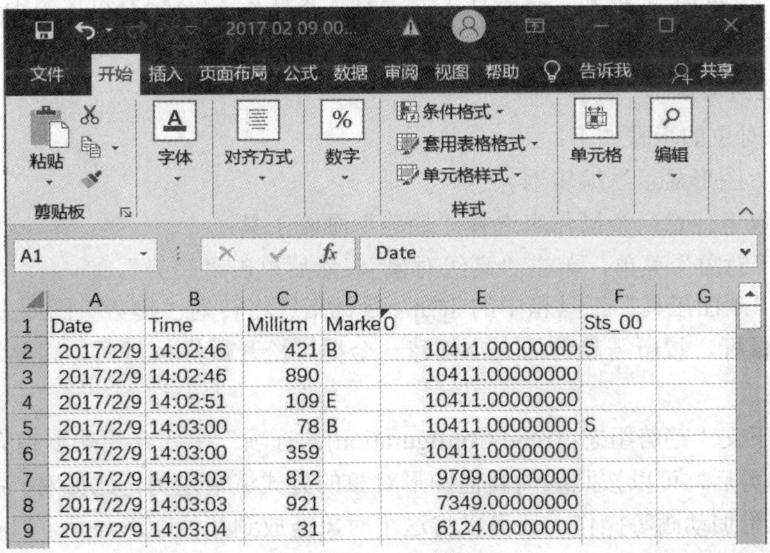

图 2.65　Excel 显示图(2)

任务8　组态趋势曲线

任务描述

本任务主要介绍水箱水位系统的趋势曲线配置方法。

(1) 创建和配置趋势对象。

(2) 安排趋势的位置以比较实时和历史标记值。

(3) 趋势曲线图和主界面的切换。

任务分析及相关知识点

1. 趋势设置

在“趋势设置”选项卡里可以设置横坐标(时间)和纵坐标并选择一个数据源。如果选择的数据源不是“实时”，必须指定数据模式，有时还要指定模式里的文件。只有在设置了“数据记录”选项的情况下才可以用这些设置。

(1) 时间：时间轴的开始时间，确定所画的第一个数据示例。

(2) 时间范围：确定时间轴上的时间范围。

要想用实时状态下的数据画一个趋势，选择“实时”作为数据源，开始时间将被设为“最新”。

要想用“数据记录”所记录的信息画一个趋势，需要键入一个日期和开始时间，并选择“历史记录”“最旧文件”“最新文件”或“选择文件”作为数据源，还必须指定一个数据模式。如果选择了“历史记录”数据，趋势可以显示记录到模式里的全部信息。如果指定了一个文件(“最旧”“最新”或选择了一个具体文件)，那么趋势将使用记录到这个文件里的数据。

2. 创建趋势对象

创建趋势对象的步骤如下：

(1) 打开“图形显示”编辑器。

(2) 执行以下任意一个操作来选择“趋势”画图工具：

① 打开“对象”菜单，单击“高级对象”，然后单击“趋势”。

② 单击“画图工具”工具箱中的 ，鼠标指针将转为“趋势”画图工具： 。

(3) 拖动鼠标，按所需趋势的大小创建一个框。松开鼠标按键后，将显示“趋势”对话框。

(4) 按照下文“趋势组态(Trend Configuration)的选项”中的介绍配置趋势。

配置完趋势后，可以按照编辑其他图形对象的方式编辑趋势。比如对其执行移动、重新调整大小、附加动画等操作。还可以将这个对象拖放到其他图形显示，以在其他图形显示中使用它。

3. 趋势组态(Trend Configuration)的选项

图 2.66 为水箱水位系统的趋势组态图，从图中我们可以看出趋势组态的选项有“趋势配置”和“笔迹配置”两项。

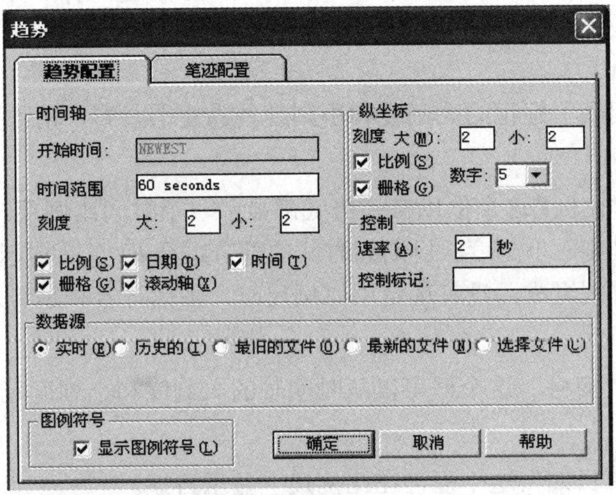

图 2.66　系统趋势组态图

4. 配置时间轴(Time Axis)

1) 开始时间

(1) 实时趋势的开始时间。

对于实时趋势，默认开始时间就是 NEWEST(最新)。数据将在趋势启动后立即使用最新的可用数据开始绘制。

不能修改实时趋势的开始时间。

(2) 历史趋势的开始时间。

历史数据的开始时间可以是绝对时间或相对时间。使用相对时间时，绘制的开始时间始终会相对于记录文件中的最新或最旧的数据；使用绝对时间时，绘制始终会在指定的日期和时间开始。

(3) 在运行过程中指定开始时间。

要指定相对时间，请输入以下某个内容：

NEWEST 或 NEWEST 减去(–)一个时间段

OLDEST 或 OLDEST 加上(+)一个时间段

请使用完整的数字按以下单位指定时间段。有效单位为：Sec、Min、Hour、Day 和 Week。

① 示例：相对时间。

要显示从记录模型中最旧数据后 90 分钟开始的数据，请输入：Hour、Day 和 Week。

② 示例：指定绝对时间。

绝对时间可通过年、月、日、小时、分钟和秒来指定。对于绝对开始时间，可输入：MMM DD YYYY hh:mm:ss。其中：MMM 为月，DD 为日，YYYY 为年，hh:mm:ss 分别为小时、分和秒。

2) 时间范围(Time Range)

时间范围决定时间轴的时间跨度。开始时间和时间范围一起决定时间轴上应绘制几个点。请使用完整的数字按以下单位指定时间段。有效单位为：Sec、Min、Hour、Day 和 Week。

3) 刻度(Division)

指定希望在时间轴上标记的大刻度和小刻度。为便于查看，请不要设置过多的刻度。

4) 比例尺(Scale)

选择图 2.66 中"比例"这个框以在趋势底部显示一个时间比例尺。根据所选的复选框，比例尺可以包括大刻度、小刻度、日期和时间的部分或全部。比例尺显示在图标符号和趋势之间，由日期和时刻组成。没有选定用比例尺时，图标符号和趋势之间没有空间。

5) 栅格(Grid)

选中图 2.66 中"栅格"这个框可以从时间轴的大刻度和小刻度延伸出纵向的栅格线。

6) 日期(Date)

选中图 2.66 中"日期"这个框可在比例尺上显示日期。

日期的格式取决于 Windows 控制面板中"区域和语言选项"中指定的短日期格式。

7) 时间(Time)

选中图 2.66 中"时间"这个框可在比例尺上显示时间。时间以 HH:MM:SS(小时、分钟和秒)格式显示。

8) 滚动轴(Scroll Axis)

选择图 2.66 中"滚动轴"这个框将使栅格与趋势一起在时间轴上滚动。没有选择这个框时，时间轴栅格是固定的。

9) 相对时间(Relative Time)

当选择了历史记录数据作为数据源时，这个复选框才可见。选中这个框以相对最早时间的时间来显示趋势。最早时间可以为以下数据之一：

① 对于历史趋势，是记录模型中的最旧记录数据。

② 对于基于文件的趋势，是记录文件中的最旧记录数据。

③ 相对时间是以 DD:HH:MM:SS(日期、小时、分钟和秒)格式显示的。

5. 配置纵轴(Vertical Axis)

图 2.66 显示了纵轴的很多组成部分：小刻度、大刻度、垂直轴和比例尺。

要配置纵轴，请按下面的说明填写各框：

1) 刻度

指定希望在纵轴上标记的大刻度和小刻度。为便于查看，请不要设置过多的刻度。

2) 比例尺

选中这个框以显示笔迹值范围的比例尺。这些值取决于笔迹比例尺的最大和最小值，笔迹比例尺在"笔迹设置"选项卡中配置。字体颜色和纵轴比例尺取决于趋势运行时所选的笔迹。在默认情况下，选择的是 pen 1。

3) 数字(Digital)

键入希望在笔迹比例尺中显示的字符位数，包括小数点。显示在比例尺中的值在“笔迹设置”选项卡中选择。指定足够的位数以显示趋势里全部标记的最小值和最大值。如果笔迹值不适合这个宽度，则会以科学记数法显示。

要在纵轴上显示刻度但不想要数字，可以选择 0。

4) 栅格

选中这个框可从纵轴的大刻度和小刻度延伸出水平栅格线。

6. 选择数据源(Data Source)

趋势的数据源可以是实时数据、历史数据或基于文件的数据。实时数据来自数值表；历史数据来自数据记录模型的文件组；基于文件的数据来自某个时间的一个记录文件。

(1) 对于实时趋势，可以直接单击“实时”按钮。

每个实时趋势笔迹的缓存可以包含多达 2000 个标记值。只要标记值发生改变，都会保存在缓存中。当缓存满后，最旧的值就会被新值所覆盖。

(2) 对于本地历史趋势，单击“历史”，然后单击“本地”，并在“模型”框中指定数据记录模型，从位于所运行项目中的数据记录模型显示历史数据。

(3) 对于远程历史趋势，单击“历史”，然后单击“远程”，显示来自另一个项目的历史数据(同一台计算机或另一台计算机)。

在“模型”框中，输入记录数据(.dlg 文件)的完整路径，或单击“...”选择一个.dlg 文件。

(4) 对于基于文件的趋势，主要有以下 3 种显示数据的方法：

① 单击“最旧文件”以显示记录模型中从最旧文件开始的数据。对于本地数据，在“模型”框中指定一个记录模型。对于远程数据，输入记录数据(.dlg 文件)的完整路径，或单击“...”选择一个 .dlg 文件。

② 单击“最新文件”以显示记录模型中从最新文件开始的数据。对于本地数据，在“模型”框中指定一个记录模型。对于远程数据，输入记录数据(.dlg 文件)的完整路径，或单击“...”选择一个.dlg 文件。

③ 单击“选择文件”以选择要使用的数据文件。对于本地数据，在“模型”框中指定一个记录模型。对于远程数据，输入记录数据(.dlg 文件)的完整路径，或单击“...”选择一个 .dlg 文件。

然后在“文件”框中选择一个数据记录文件。

7. 配置控制

要配置控制，请按下面的说明填写各框：

1) 速率(Rate)

输入一个数字以指定更新趋势的间隔。

(1) 对于实时数据，速率决定数值表检查新数据的间隔。如果指定了标记的扫描类型，请勿指定快于扫描类型速率的速率。

(2) 对于历史数据，速率决定记录文件检查新数据的间隔。请勿指定快于数据记录到文件速率的速率。例如，如果设置周期记录间隔为 20 s，请勿指定小于 20 s 的速率，因为此时将没有新数据可用。

2) 控制标记(Control)

输入将包含趋势控制标记的文件夹的名称。控制标记用于控制趋势在运行过程中的外观。当保存趋势设置时，在“标记数据库”中将以这个名称创建一个文件夹。这个文件夹将包含趋势控制标记。

例如，如果在“控制标记”框输入“Trend1”，则系统将会创建一个名为“Trend1”的文件夹。文件夹中的每个标记都将使用“Trend1”作为其名称的开始部分。

8. 图标符号(Legend)

选择“显示图标符号”(Show Legend)复选框，将在趋势下方显示一个图标符号。

在“笔迹设置”选项卡，可以指定希望包括在图例中的笔迹，并可为每个笔迹建立一个标记。

9. 系统的笔迹配置

配置用于在趋势中绘制数据的笔迹流程如下：

(1) 在“趋势”对话框单击“笔迹设置”选项卡。

(2) 选择一个类型。为所选的每种笔迹填写这个选项卡中的框。

图 2.67 为水箱系统“趋势”对话框中的笔迹配置。

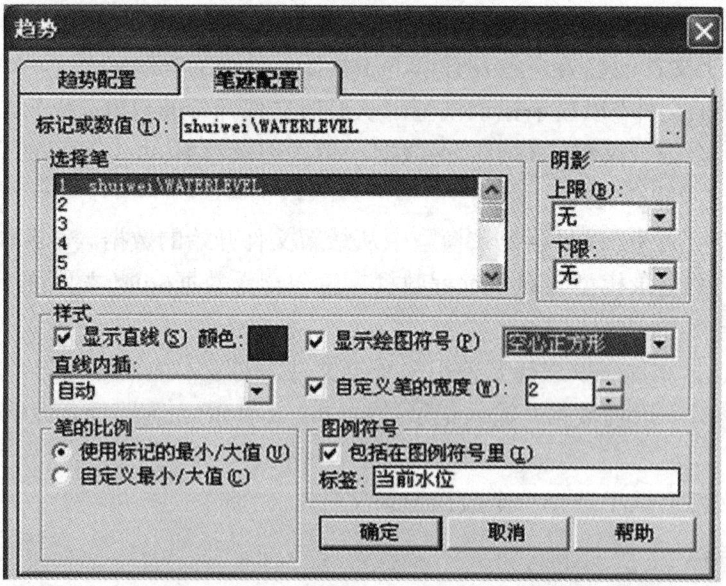

图 2.67　水箱系统“趋势”对话框的笔迹配置

10. 标记和数值(Tag or Value)

在“标记或数值”框，可以指定以下某个对象：

(1) 模拟量标记、开关量标记或标记占位符。标记占位符可允许在运行过程中插入标记名称。标记占位符是后接 1 到 500 数字的井号(#)字符。

(2) 一个数值。在趋势上绘制出一条不变的水平线。这个水平线可用于为标记提供基准框。例如，如果定义了数值作为标记应该操作的限制范围，当标记超出某个限制时，则标记的警报状态在趋势上就会比较明显。本例中选择了标记 shuiwei\WATERLEVEL。

11. 配置笔迹样式(Style)

1) 显示直线(Show Line)

如果希望在绘图点的数值之间画一条线，请选中这个框。如果希望仅绘图点可见，请不要选中这个框。

2) 颜色(Color)

选择笔迹的颜色。请勿选择与趋势背景色相同的颜色。

3) 显示绘图符号(Show Plot Symbol)

如果选中此项，就会在变化曲线出现一些符号。这里有 13 种符号可供选择。

4) 直线内插(Line Interpolation)

直线内插指定如何画线。

5) 自定义笔迹的宽度(Custom Pen Width)

自定义笔迹可以改变曲线线条的宽度和绘图符号的粗细。

如果希望指定另一个笔迹宽度，则选中这个复选框。如果不希望指定宽度，则笔迹的线条将与栅格线相同。

12. 配置笔迹的比例(Pen Scale)

笔迹的比例定义纵轴上的数字范围。纵轴会根据所选笔迹的标记改变以反映其最小值和最大值。例如，如果 Tag1 的最小值为 10，最大值为 100，则选中笔迹 Tag1 时，纵轴的范围为 10 到 100。又如，如果 Tag2 的最小值为 –10，最大值为 50，则选中笔迹 Tag2 时，纵轴的范围为 –10 到 50。

如果所有的笔迹都在纵轴上尽可能使用相同的范围，用户需要在“自定义最小/大值”框指定相同的范围。

1) 使用标记的最小/大值

单击这个按钮以使用“标记数据库”编辑器中“最小值”和“最大值”框配置的数值作为标记的最大和最小范围。在水箱液位控制系统中选择了此项，因此在趋势图中刻度显示范围为 0～32 767。

2) 自定义最小/大值(Custom Min / Max)

单击这个按钮以指定范围，并输入最小值和最大值。指定全部笔迹都使用相同的最小值和最大值，在纵坐标始终使用相同范围。

13. 阴影(Shading)

当趋势图里的曲线多于 2 条时，为了区分趋势图里的曲线而使用此项。

任务实施

1. 创建趋势画面

新建一个画面，为画面命名，例如“水位趋势图.gfx”，并保存；单击快捷菜单中的“趋势图”按钮，在绘图区域中拖动出绘图区域，如图 2.68 所示。

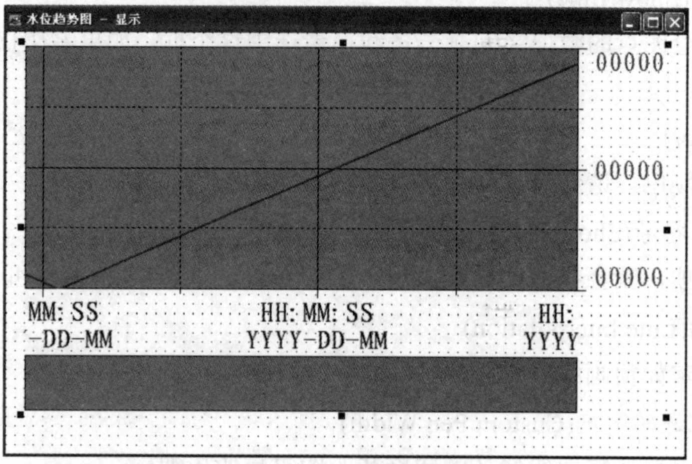

图 2.68　水位趋势图界面

2. 配置趋势曲线界面的属性

双击“趋势曲线”，弹出“趋势”对话框。在这里趋势配置选项卡我们采用默认的形式。打开“笔迹配置”选项卡，参照图 2.69 所示内容进行设置，标记选择水箱水位 shuiwei\WATERLEVEL。

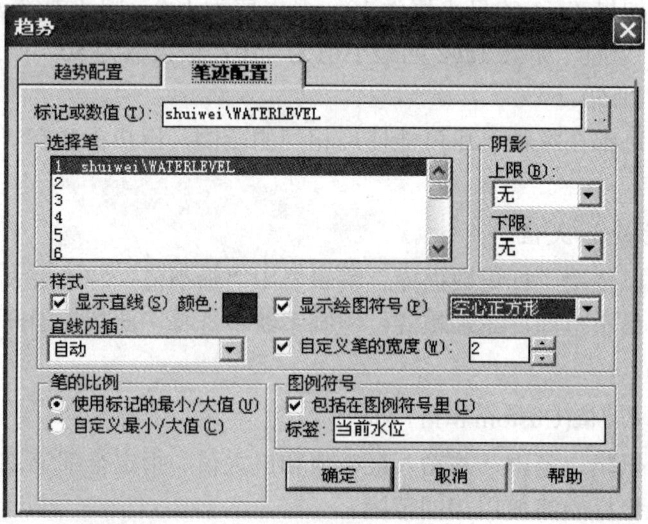

图 2.69　“笔迹配置”选项卡

3. 配置绘图区如何显示

如果觉得系统默认的绿色绘图区域颜色不合适，可以在绘图区域右键单击，在弹出的快捷菜单中选择“属性”，对绘图区外观进行修改，如图 2.70 所示。

图 2.70　绘图区域颜色修改

4. 测试趋势图功能

在主界面和趋势图界面分别单击测试运行按钮，用滑块拖动水位控制条，使水位变化，观察曲线的变化，如图 2.71 所示。

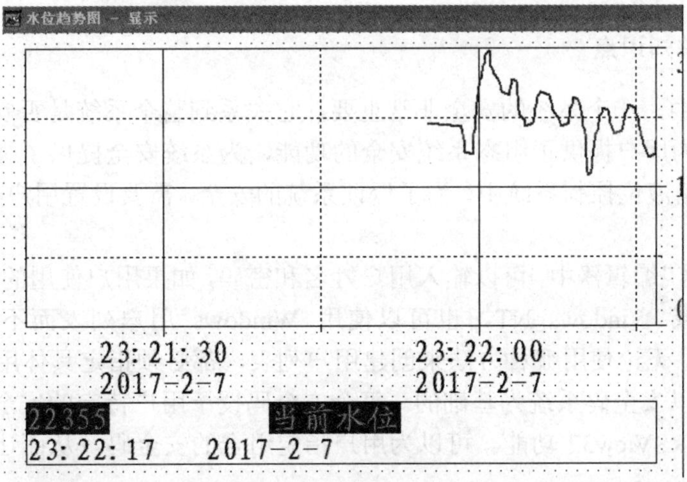

图 2.71　水箱水位趋势图

5. 水位趋势图和水箱水位主界面的切换

在趋势图界面空白区域添加按钮，设置调用主画面的命令，在主画面中设置调用趋势图的按钮，如图 2.72 所示。

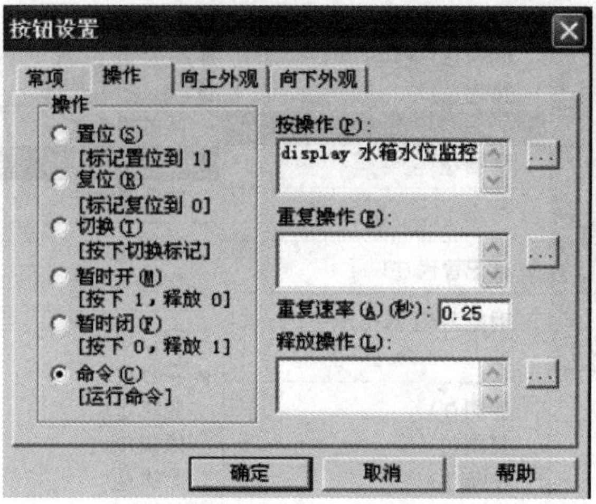

图 2.72　趋势图返回主界面的设置

任务 9　组态系统安全

任务描述

本任务主要介绍系统的安全设置。

(1) 配置安全码。

(2) 保护 RSView32 命令、宏、图形显示、OLE 对象和标记。

(3) 配置用户账号。

任务分析及相关知识点

在工业生产中，一个系统的安全非常重要，它关系到整个系统是否安全运行。组态软件 RSView32 就为用户提供了组态系统安全的功能，为系统安全提供了强有力的保障。基于这一点，在水箱液位控制系统中，为了保证系统的安全，需要设置用户账号和安全代码、创建登录画面。

在“用户账号”编辑器中，可以输入用户姓名和密码，如果用户使用的是 Windows XP、Windows 2000 或 Windows NT，也可以使用 Windows 用户列表而不必创建自定义的 RSView32 列表。无论使用哪种方法来创建用户列表，都必须指定具体用户的安全权限。

安全措施是以安全码系统为基础的。每个安全码授予用户特定的安全特权，可以访问该代码所允许的 RSView32 功能。可以为用户指定组合的安全码，从而让每个用户可以访问不同的功能组。

1. 配置安全代码

RSView32 有 17 个安全码：星号(*)以及字母 A 到 P。星号表示不受限制的访问权，字母则代表有限的访问权。字母之间并无等级关系，也就是说，所有的字母提供相同级别的安全性。并不要求使用全部安全码，也不需要按特定顺序分配安全码。例如，可以选择只使用安全码 D 和 P，并且可以先指定 P，然后指定 D。要使用一个安全码非“*”的条目，用户必须有一个具有对应安全码的账号。

2. 配置用户账号

用户账号和安全码一起确定了谁在访问系统。“用户账号”电子数据表里第一个账号的标识是 DEFAULT，它选用了从 A 到 P 所有的字母作为安全码，即每个用户都可以访问全部系统而不需要登录。用户可以改变安全码，但不能改变这个用户账号的名字。

用户可以在“用户账号”编辑器里输入用户名和口令。如果使用的是 Windows NT 系统，可以用 Windows NT 的用户名单，而不需要新建一个 RSView32 用户名单。无论用哪种方法选择和维护用户名单，都要把安全码分派给每个用户。

为限制使用某些命令、宏、图形显示和标记，需要设定它们的安全码(从 A 到 P)，然后改变 DEFAULT 用户账号，禁止使用设定的安全码。如果访问设定了这些安全码的某一条目，用户必须有一个拥有相应安全码的账号。

1) 设置用户账号

(1) 双击“用户账号”图标启动编辑器。

(2) 要想建立 RSView32 用户名单，请在“用户账号”对话框的表单或电子数据表中输入账号名和口令，登录宏和退出宏是可选项。

(3) 单击“接受”加以确认。

在“口令确认”对话框里再次输入账号口令，然后单击“确定”。

在用户账号对话框里单击“下一步”清除表单区。

2) 指定用户安全码

(1) 在电子数据表里单击一个用户名并且选择它，该名字和其他相关资料将显示在表单里。

(2) 在表单的“安全码”部分指定用户的访问权限，具体方法是清除用户无权使用的安全码旁的复选框，或在电子数据表相应的列键入“N”。

(3) 对所有用户重复上述操作。

(4) 完成添加用户账号后，选择“文件”菜单下的“保存”。

用户账号的设置保存在文件“用户 s.act”里。

下面以水箱液位控制系统为例，讲述用户账号各个选项的意义，如图 2.73 所示。

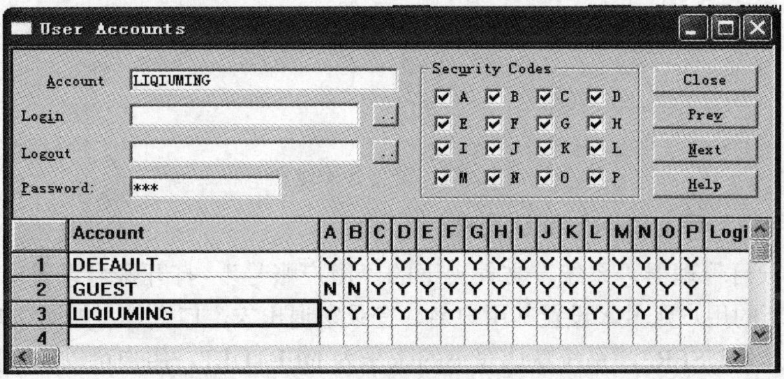

图 2.73　设置用户账号

3) 选项

(1) 账号标识号(Account)：键入账号的用户名或标志号(最多可有 20 个字符)。可以是字母和数字，但不能是空格或者/\[ ] :；=，+ * < >等符号，同时账号也不能为空。水箱系统中设置了 2 个账号 GUEST 和 LIQIUMING。

(2) 登录宏(Login)：登录宏是选用项。如果想使用，请在这个框里键入宏的名字。宏将在这个用户登录时运行。

(3) 退出宏(Logout)：退出宏是选用项。如果想使用，请在这个框里键入宏的名字。宏将在这个用户退出时运行。如果新用户登录时旧用户还没有退出，则新用户登录后旧用户的退出宏将运行。在上述情况下，如果退出宏里包括登录命令，它将退出新用户，然后登录其他用户。因此退出宏和登录宏里不应该包括安全命令。

(4) 口令(Password)：输入账号口令(最多可用 8 个字符)。可以是字母和数字，同时账号口令可以是空格或者为空。

(5) 安全码(Security Code)：默认设置是选择所有的复选框(Y 显示在电子数据表所有的列里)。如果要限制使用，需要清除表单里相应的复选框中的符号，或在电子数据表相应列里键入“N”，这样就对没有权利使用的用户关闭了安全码。使用安全码的目的就是给每个用户加权限，这里用户 LIQIUMING 的权限是最高的。

任务实施

1. 创建登录宏文件

(1) 双击项目管理器“控制和逻辑”文件夹下的“宏”，创建登录宏文件。

(2) 在文件中写入调用水箱水位监控界面的一条命令行，保存为“denglu”，如图 2.74 所示。

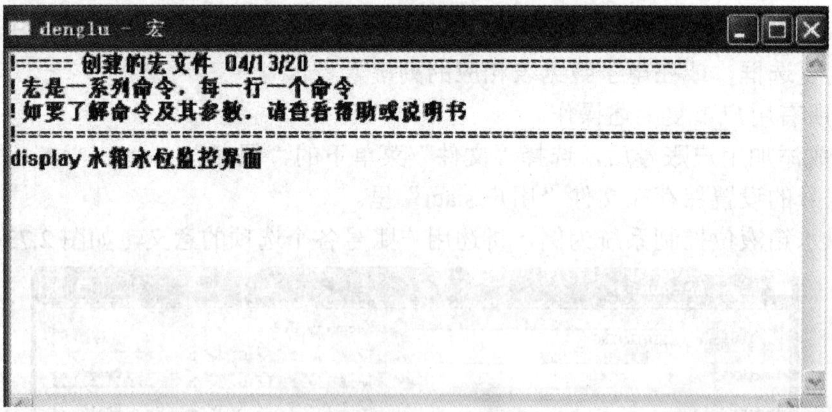

图 2.74　宏文件的建立

2. 创建用户账号 USER1 和 USER2

(1) 双击项目管理器“系统”文件夹下的“用户账号”，打开账号设置窗口。

(2) 创建新的用户账号，设置其用户名、登录宏退出宏、口令等，如图 2.75 所示。在这里设置 USER1 和 USER2，系统默认登录的账号为 DEFAULT，用户可以通过更改安全代码来更改默认账号的权限，配合画面和标记的权限设置，就可以达到保护系统安全的目的。

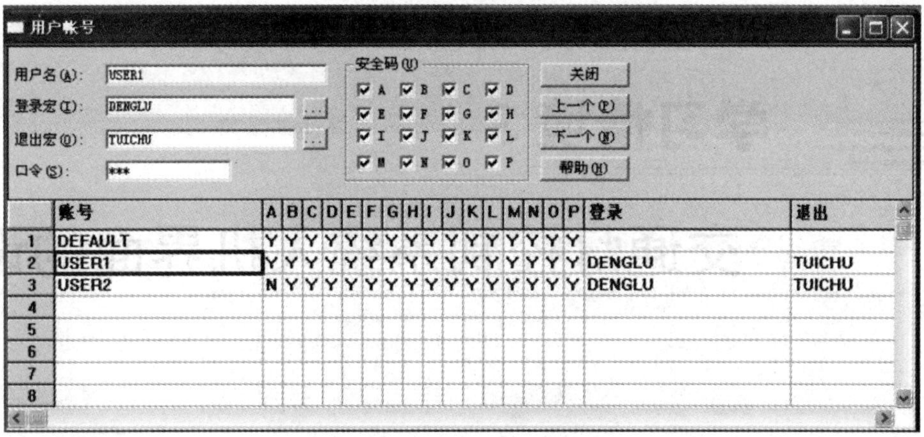

图 2.75　用户账号的建立

3. 创建登录画面

新建一幅界面，命名为登录界面。在画面中添加“登录”和“退出”两个按钮，分别执行“Login”和“Logout”两个命令，如图 2.76 所示。

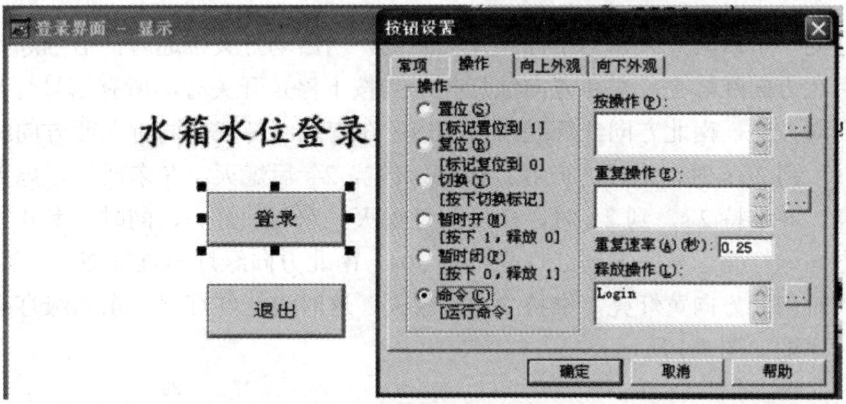

图 2.76　登录界面中登录按钮的设置

4. 测试运行

测试运行画面，单击“登录”按钮，跳出 RSView32 自带的登录窗口，如图 2.77 所示。输入正确的用户名和密码，然后单击“确定”按钮，就会进入水箱水位监控界面。如果账号或者密码错误，就会出现如图 2.78 所示的对话框。

图 2.77　登录窗口

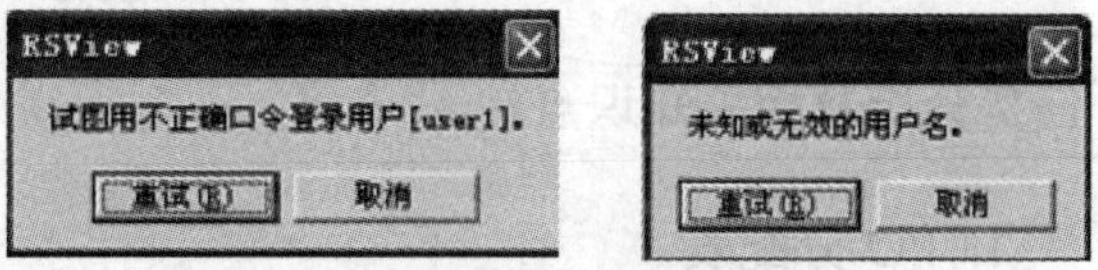

图 2.78　不正确的用户或者密码输入显示

学习情境 3

交通灯控制系统人机界面的设计

任务 1　交通灯控制系统 PLC 程序的设计

任务描述

信号灯受一个启动开关和一个停止开关控制，当启动开关接通时，信号灯系统开始工作，且先南北方向红灯亮，东西方向绿灯亮。当按下停止开关时，所有信号灯都熄灭。

按下启动按钮，南北方向红灯亮维持 30 s，在南北红灯亮的同时东西方向绿灯也亮，并维持 26 s。到 26 s 时，东西方向绿灯闪亮，闪亮 2 s 后熄灭。在东西绿灯熄灭时，东西方向黄灯亮，并维持 2 s，到 2 s 时，东西黄灯熄灭，东西红灯亮，同时，南北方向红灯熄灭，南北方向绿灯亮。东西方向红灯亮维持 30s。南北方向绿灯亮维持 26 s，然后闪亮 2 s 后熄灭。同时南北方向黄灯亮，维持 2 s 后熄灭，这时南北红灯亮，东西绿灯亮，周而复始。具体时序图如图 3.1 所示。

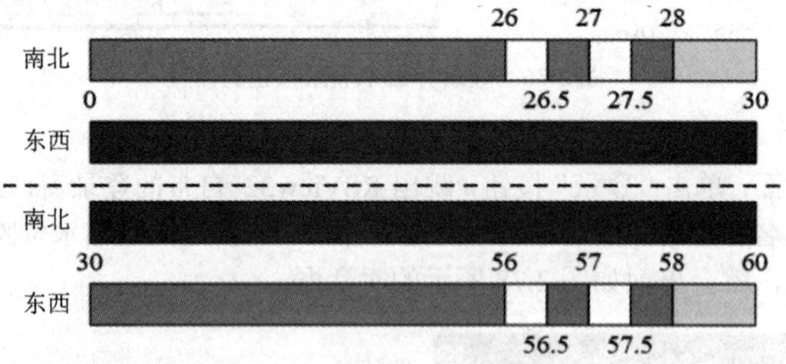

图 3.1　交通灯工作时序图

任务分析及相关知识点

1. I/O 分配表

交通灯控制的 I/O 分配表如表 3.1 所示。

表 3.1　I/O 分配表

输入地址	作　用	输出地址	作　用
I:0/0	启动按钮	O：0/0	东西红灯
I:0/1	停止按钮	O：0/1	东西绿灯
B3:0/0	远程启动按钮	O：0/2	东西黄灯
B3:0/1	远程停止按钮	O：0/3	南北红灯
		O：0/4	南北绿灯
		O：0/5	南北黄灯
		O：0/6	运行指示灯

2. PLC 接线图

PLC 接线图如图 3.2 所示。

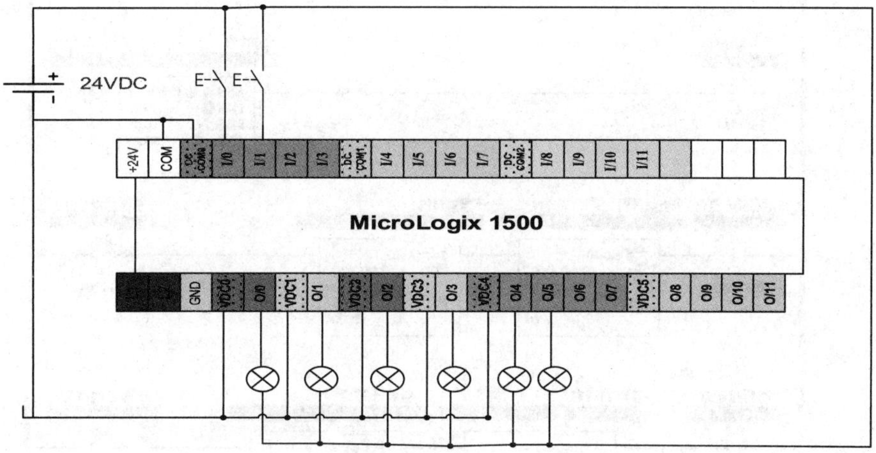

图 3.2　PLC 接线图

3. 建立 Address/Symbol(地址/符号)表

在 PLC 编程软件中建立 Address/Symbol 表，如图 3.3 所示。

地址	标签	范围	标签组	描述
O:0/4	NS_GREEN	全局		南北方向绿灯
O:0/3	NS_RED	全局		南北方向红灯
O:0/5	NS_YELLOW	全局		南北方向黄灯
O:0/6	RUNNING	全局		运行指示灯
I:0/0	START	全局		启动按钮
B3:0/0	START_REMOTE	全局		远程启动按钮
I:0/1	STOP	全局		停止按钮
B3:0/1	STOP_REMOTE	全局		远程停止按钮
T4:0	TIMER	全局		定时器
T4:0.ACC	TIMER_CURRENT	全局		当前计时
T4:0/DN	TIMER_DN	全局		定时完成
O:0/1	WE_GREEN	全局		东西方向绿灯
O:0/0	WE_RED	全局		东西方向红灯
O:0/2	WE_YELLOW	全局		东西方向黄灯

图 3.3　Address/Symbol 分配

4. 编写程序

PLC 程序的编写可以采用两种思路。第一种用多个定时器，每个定时器控制一个阶段，每个阶段点亮对应的指示灯；第二种思路根据已经过时间 T4:0.ACC 判断当前处于哪个时间段。用户可以按照系统的要求编写 PLC 程序，也可以参考图 3.4 所示 PLC 程序。

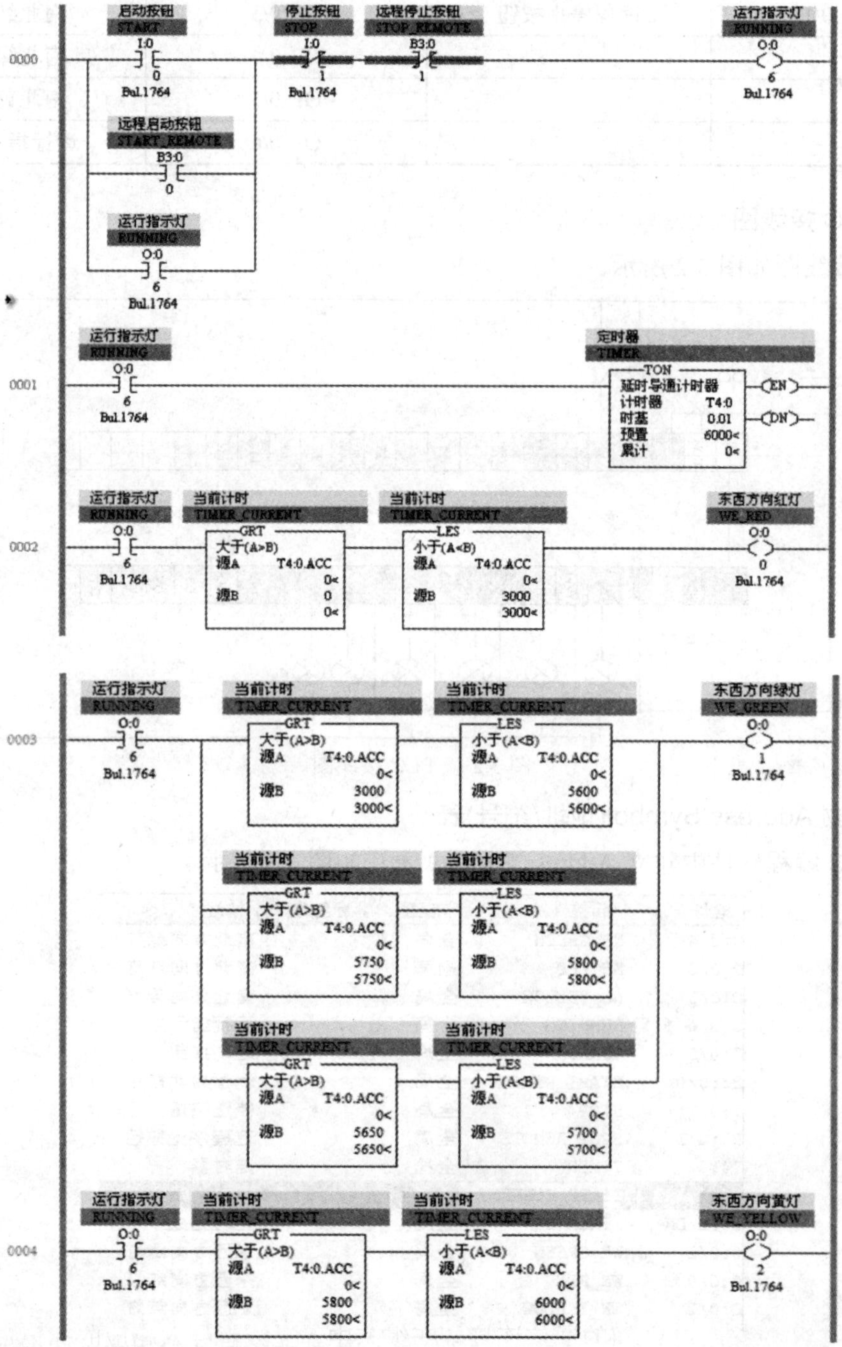

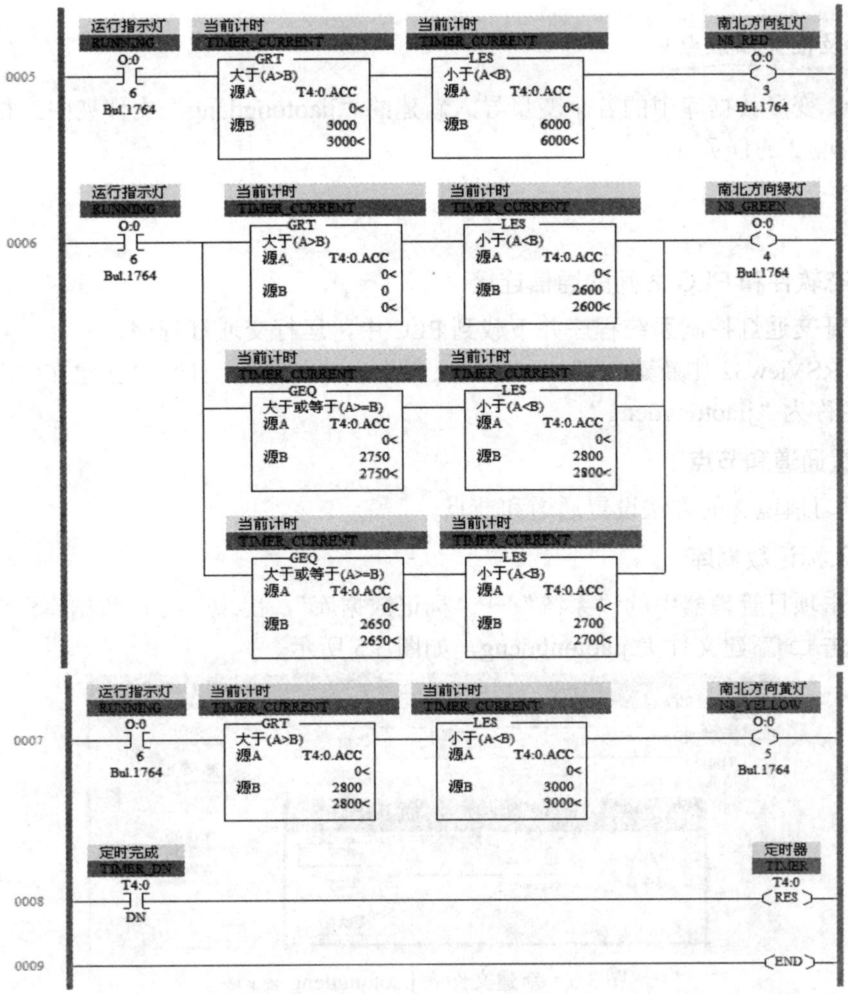

图 3.4　交通灯控制系统梯形图程序

任务实施

(1) 对于实训室有交通灯模块的学生，可以按图 3.2 所示内容进行接线；对于实训室没有交通灯模块的学生，可以采用 PLC 的输出指示灯模拟显示。

(2) 按照交通灯控制系统的要求编写 PLC 程序，参考程序如图 3.4 所示。

(3) 调试 PLC 程序，调试成功之后下载到 PLC 中演示。按下启动按钮，交通灯系统信号灯开始运行，按下停止按钮，信号灯全部熄灭。

任务 2　导入标记数据库及人机界面设计

任务描述

(1) 建立组态和 PLC 之间的通信连接，在组态中建立或者导入相应的标记数据库。

(2) 根据十字路口交通灯的实际情况设计合适的界面。

任务分析及相关知识点

将 PLC 变量数据库中的各个变量导入新建的“jiaotongdeng”文件夹中。相关知识点参考学习情境 2 的任务 3。

任务实施

1. 组态软件和 PLC 之间的通信连接

(1) 打开交通灯控制系统程序并下载到 PLC 中，运行交通灯程序。

(2) 在 RSView32 中新建工程。单击“文件”→“新建”，打开“新建文件”对话框，输入项目名称为“jiaotongdeng”。

2. 设置通道和节点

按照学习情境 2 的方法设置通道和节点。

3. 导入标记数据库

(1) 单击项目管理器中的“系统”→“标记数据库”，出现“标记数据库”对话框。

(2) 单击新建文件夹 jiaotongdeng，如图 3.5 所示。

图 3.5　新建文件夹 jiaotongdeng 窗口

(3) 单击，导入 PLC 程序中用到的标记，如图 3.6 所示。

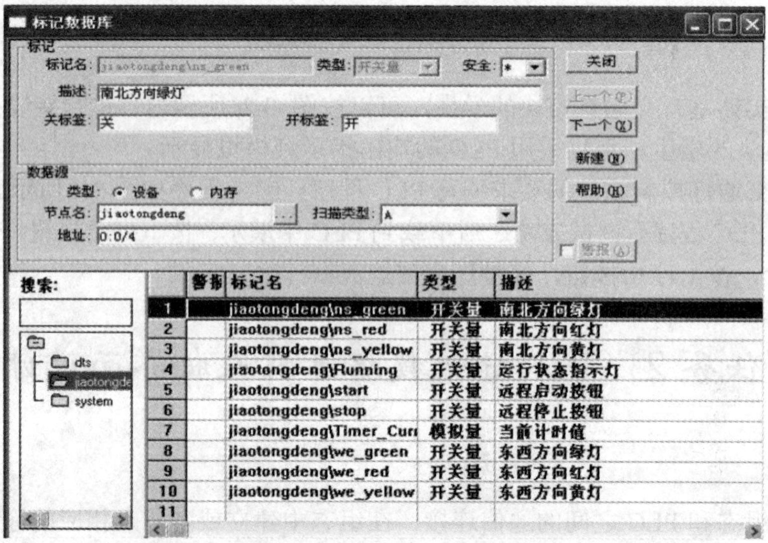

图 3.6　导入标记数据库窗口

4. 检查通信是否正常

检查上位机标记数据库与 PLC 标记库通信是否正常。创建一个标记监视器来监视上位机标记数据库与 PLC 的标记数据库是否连通，如图 3.7 所示。

标记监视器文件 – 标记监视器

	?	标记名	数值	状态	描述
1	Y	jiaotongdeng\running	关	有效的	运行状态指示灯
2	Y	jiaotongdeng\ns_green	关	有效的	南北方向绿灯
3	Y	jiaotongdeng\ns_red	关	有效的	南北方向红灯
4	Y	jiaotongdeng\ns_yellow	关	有效的	南北方向黄灯
5	Y	jiaotongdeng\we_green	关	有效的	东西方向绿灯
6	Y	jiaotongdeng\we_red	关	有效的	东西方向红灯
7	Y	jiaotongdeng\we_yellow	关	有效的	东西方向黄灯
8	Y	jiaotongdeng\start	关	有效的	远程启动按钮
9	Y	jiaotongdeng\stop	关	有效的	远程停止按钮
10	Y	jiaotongdeng\timer_curren	0	有效的	当前计时值

图 3.7　标记监视器文件

5. 界面设计

根据十字路口交通灯的实际情况设计合适的界面，可以参考图 3.8、图 3.9 所示界面。

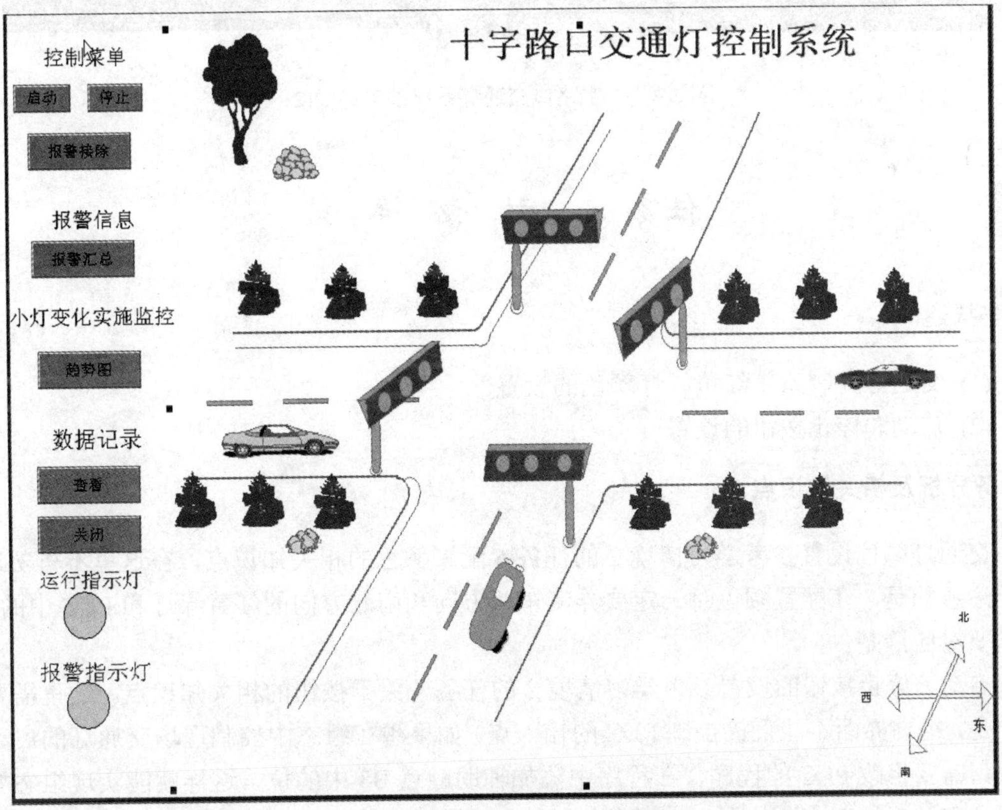

图 3.8　十字路口交通灯系统参考界面(1)

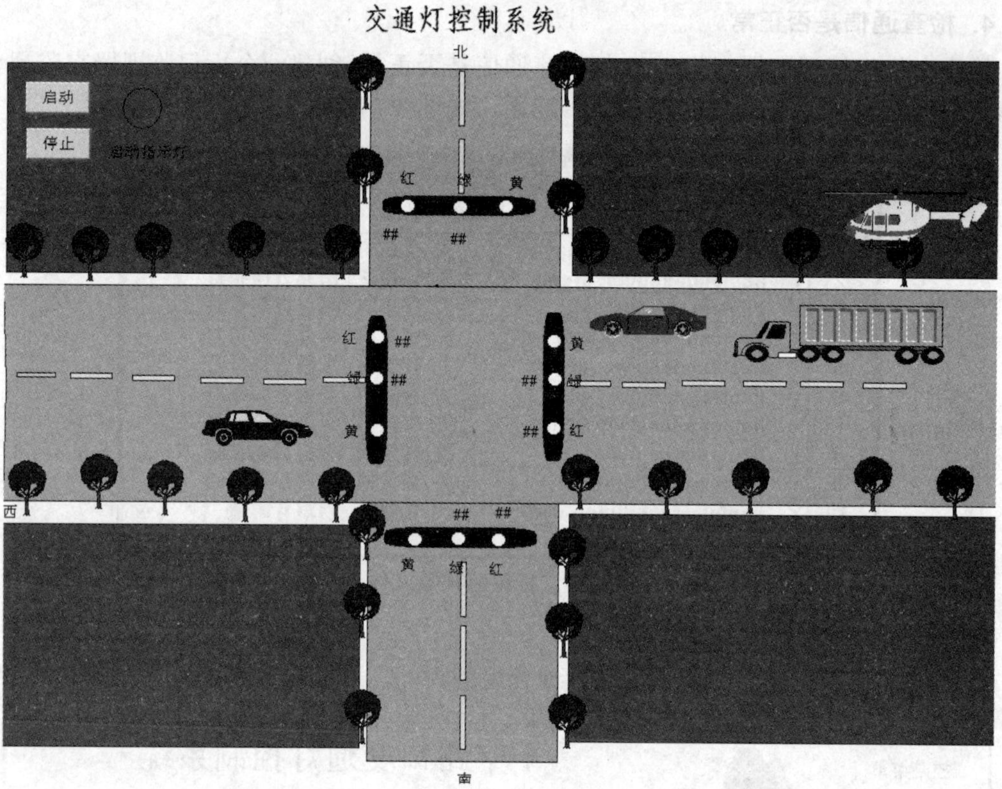

图 3.9　十字路口交通灯系统参考界面(2)

任务3　动 画 连 接

任务描述

(1) 交通灯控制系统红黄绿灯颜色的设置。

(2) 启动和停止按钮的设置。

任务分析及相关知识点

交通灯颜色设置参考学习情境 2 的任务 5 配置颜色的相关知识点，在这里不再赘述，需要注意的是，在配置颜色时一定要弄清东西方向和南北方向的红黄绿灯和 PLC 中的 I/O 点需要对应清楚。

启动、停止按钮的设置参考学习情境 2 的任务 4 关于按钮的相关知识点。这里需要说明的是，组态界面不能直接控制 PLC 的输入点，如果想在组态中控制现场交通灯的启动和停止，需要修改 PLC 的程序，在程序中添加辅助触点 B3 中的位，这样就能实现组态界面和现场交通灯的双向通信了，请思考如何修改。

任务实施

1. 交通灯控制系统红黄绿灯颜色的设置

(1) 选中南北方向绿灯，单击右键，选择“动画”→“颜色”，出现“颜色设置”对话框，按照图3.10所示内容进行设置。

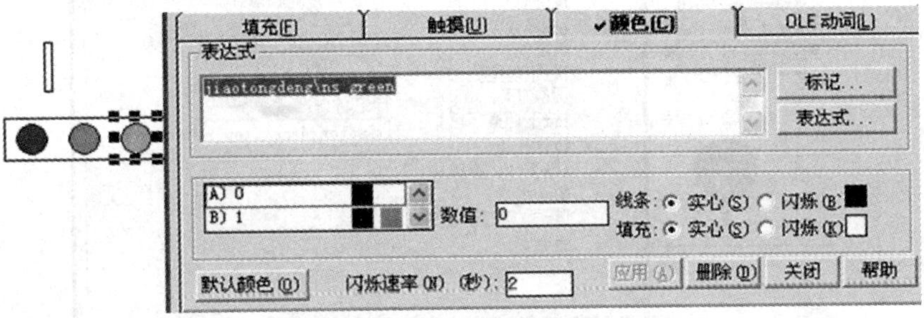

图3.10　南北绿灯的“颜色设置”对话框

(2) 选中南北方向黄灯，单击右键，选择“动画”→“颜色”，出现“颜色设置”对话框，按照图3.11所示内容进行设置。

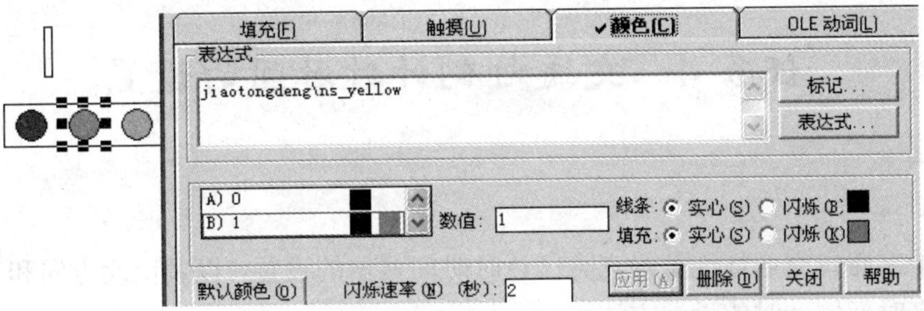

图3.11　南北黄灯的“颜色设置”对话框

(3) 参考南北方向绿灯的设置方法，分别设置南北方向红灯以及东西方向黄灯、绿灯和红灯，在这里不再赘述。

2. 按钮的设置方法

(1) 左键双击“启动”按钮，显示“按钮设置”对话框，用户可按照图3.12所示内容进行启动按钮的设置。

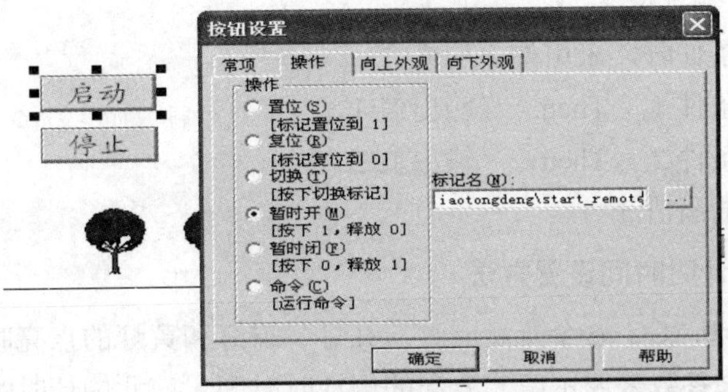

图3.12　启动按钮的设置

(2) 左键双击“停止”按钮，显示“按钮设置”对话框，用户可按照图 3.13 所示内容进行停止按钮的设置。

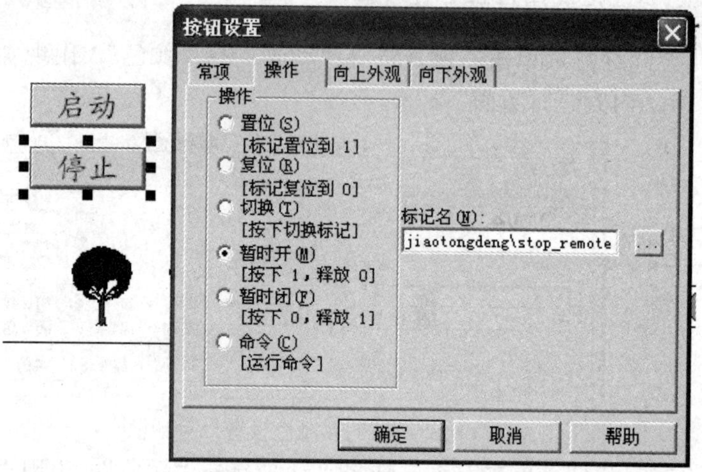

图 3.13　停止按钮的设置

任务 4　交通灯倒计时时间的设置

任务描述

掌握十字路口交通灯红黄绿点亮倒计时时间显示的设置，以及南北方向和东西方向各信号灯点亮时间倒计时的设置方法。

任务分析及相关知识点

1. 条件语句的基本格式

在罗克韦尔组态软件中，条件语句的基本表达式为：

If　　条件 1　　Then　　输出值 1
Else　　输出值 2

当要求有多个条件时，采用如下的格式：

If　　条件 1　　Then　　输出值 1
Else IF　　条件 2　　Then　　输出值 2
Else　　输出值 3

2. 南北方向倒计时时间设置方法

倒计时时间 T4:0.ACC 这个变量同时与红灯、绿灯和黄灯的点亮时间都有关系，所以采用 T4:0.ACC 这个参数来表示南北方向的倒计时时间。南北倒计时时间的计算方法如图 3.14 所示。

条件	输出值
南北绿灯亮	28秒-已过时间
南北黄灯亮	30秒-已过时间
南北红灯亮	60秒-已过时间
O:0/4 = 1	28 - T4:0.ACC/100 + 1
O:0/5 = 1	30 - T4:0.ACC/100 + 1
O:0/3 = 1	60 - T4:0.ACC/100 + 1

图 3.14　南北倒计时时间的计算方法

根据以上的分析，可知在组态软件中写成的条件语句表达式如图 3.15 所示。

```
If       jiaotongdeng\ns_green == 1
  Then   28-jiaotongdeng\Timer_Current/100+1
Else If  jiaotongdeng\ns_yellow == 1
  Then   30-jiaotongdeng\Timer_Current/100+1
 Else    60-jiaotongdeng\Timer_Current/100+1
```

图 3.15　南北倒计时时间表达式

3. 东西方向倒计时时间设置方法

东西方向倒计时时间的设置参考南北方向红绿灯的设置方法。东西方向倒计时时间的计算方法如图 3.16 所示。

条件	输出值
东西绿灯亮	58秒-已过时间
东西黄灯亮	60秒-已过时间
东西红灯亮	30秒-已过时间
O:0/1 = 1	58 - T4:0.ACC/100 + 1
O:0/2 = 1	60 - T4:0.ACC/100 + 1
O:0/0 = 1	30 - T4:0.ACC/100 + 1

图 3.16　东西方向倒计时时间的计算方法

任务实施

1. 南北方向倒计时显示时间设置方法

打开交通灯控制系统界面 ##，选择工具栏图标，在南北方向绿灯的旁边添加放置数字量显示的框，出现“表达式”(Expression)对话框，按照图 3.17 所示内容进行设置。至此南北方向倒计时显示时间设置完成。

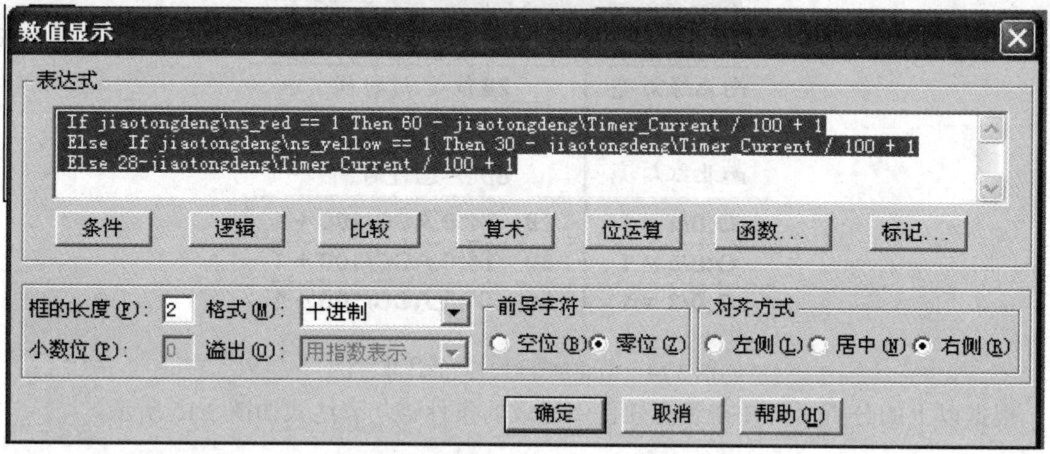

图 3.17　设置南北方向指示灯倒计时显示时间对话框

2. 东西方向倒计时显示时间设置方法

东西方向交通灯的倒计时设置方法参考南北方向倒计时的设置方法。只需将表达式换成如图 3.18 所示表达式即可。

```
If        jiaotongdeng\we_green == 1
  Then  58-jiaotongdeng\Timer_Current/100+1
Else If jiaotongdeng\we_yellow == 1
  Then  60-jiaotongdeng\Timer_Current/100+1
Else     30-jiaotongdeng\Timer_Current/100+1
```

图 3.18　设置东西方向指示灯倒计时表达式

3. 显示时间可见性设置

为了实现绿灯闪烁期间数值显示同步闪烁，需要给数值显示设置“可见性”动画。具体设置方法如图 3.19 所示。设置完成后，测试界面，观察绿灯闪烁期间是否为倒计时显示和绿灯是否同步闪烁。

条件	可见性
绿灯亮	可见
黄灯亮	可见
红灯亮	可见
红绿黄灯均不亮	不可见

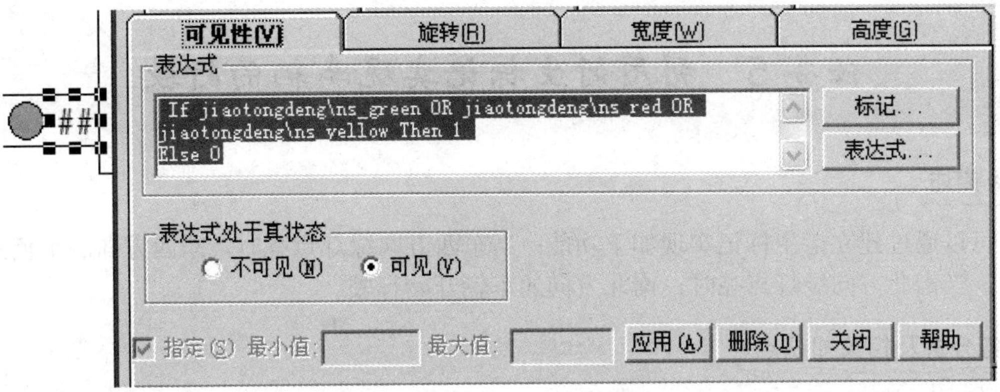

图 3.19　倒计时可见性的设置

4. 倒计时时间显示的颜色设置

倒计时时间显示的颜色设置要求为当绿灯点亮时，倒计时显示的时间是绿色的；当红灯点亮时，倒计时显示的时间是红色的。设置步骤如下：

(1) 给数值显示单元设置“颜色”动画，如图 3.20 所示。

条件	数值	颜色
绿灯亮	1	绿色
黄灯亮	2	黄色
红灯亮	0	红色

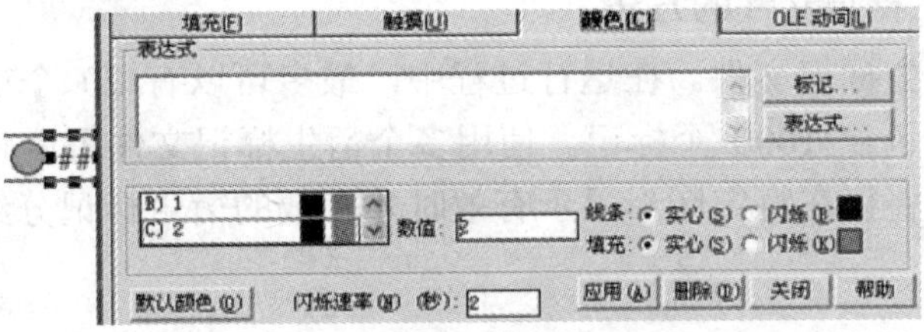

图 3.20　倒计时显示的颜色设置

(2) 用表达式给“颜色”变量赋值，如图 3.21 所示。

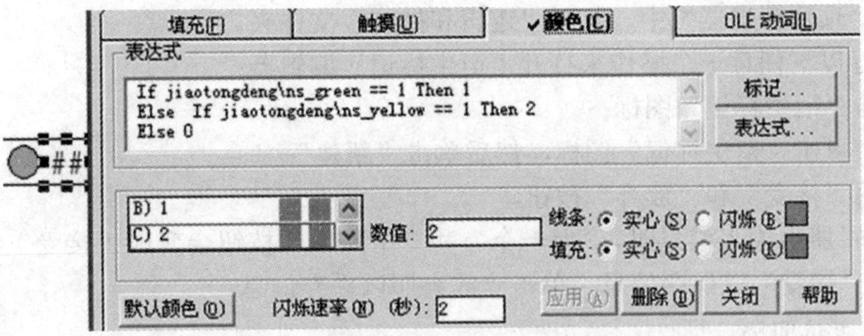

图 3.21　倒计时数值显示颜色设置表达式

任务 5　利用衍生标记实现车辆的行驶

任务描述

可以通过建立衍生标记实现如下功能：当东西方向绿灯点亮时，东西方向的车辆开始行驶；当南北方向绿灯点亮时，南北方向的车辆开始行驶。

任务分析及相关知识点

衍生标记是一种特殊标记，其值是表达式的结果。表达式可以由算术运算符、数值表中的标记值、if-then-else 逻辑控制语句和其他特殊函数组成。

数值表是在 RSView32 运行时内存中存储当前标记值的部分。数值表中的衍生标记当前值以模拟量、开关量或字符串标记的形式存储。衍生标记可以是设备标记或内存标记。

1. 使用衍生标记的方法

以下为一个衍生标记使用方法的示例：假设在传送带上有 5 个重量传感器。标记数据库中包含了与每个传感器对应的标记，这样就可以监视传送带上的每个点。如果任一点上出现超重，RSView32 会触发一个警报。

然而，如果单个传感器没有检测到超重，但所有传感器监测到的总重量过高时，会发生什么情况呢？在这种情况下，可以建立一个衍生标记来计算所有传感器监测到的重量总和，并将其结果存储在数值表中。这样，如果总和过高，RSView32 就能触发警报。

2. 使用多个衍生标记文件的方法

可以创建多个衍生标记文件。在运行过程中，最多可以有 20 个衍生标记同时运行；每个衍生标记最多可包含 1000 个标记。使用多个衍生标记文件可以将需要以不同速率求值的衍生标记分组；将仅在特定图形显示有效时才有效的衍生标记分组。

3. 步骤概述

配置衍生标记的主要步骤如下：

1) “衍生标记”编辑器

打开“衍生标记”编辑器的步骤如下：

(1) 在“项目管理器”中，打开“逻辑和控制”文件夹。

(2) 执行以下任意一个操作来打开“衍生标记”编辑器：

① 双击“衍生标记”图标；

② 右键单击“衍生标记”图标，然后单击“新建”；

③ 使用“接受”和“放弃”按钮。

当在编辑器中输入信息时，“上一个”和“下一个”按钮会变成“接受”和“放弃”按钮。单击“接受”以保存信息，单击“放弃”以丢弃信息。

2) 设置求值间隔

设置衍生标记文件求值间隔的步骤如下：

(1) 在菜单栏上单击“设置”，然后单击“衍生标记设置”。

(2) 在“衍生标记设置”对话框输入该衍生标记文件的简短说明。这个说明仅用于提供参考信息，它不会显示在任何位置。

(3) 选择求值类型以指定在运行过程中对表达式求值的频率。在求值间隔后，RSView32 会对标记值已修改的表达式进行求值。

单击“连续”，以最快的速度对表达式求值。单击“周期”，然后在“求值间隔”字段输入一个数字，则以特定间隔对表达式求值，可以使用分数秒。例如，如果输入“6”，则每 1/6 s 就会对表达式求值。指定求值间隔时，请勿快于扫描类型背景周期、DDE 服务器轮询速率或 OPC 服务器更新速率。

(4) 单击“确定”。

4. 创建衍生标记

衍生标记是在“衍生标记”编辑器中创建的。

创建衍生标记的步骤如下：

(1) 在“标记名称”字段，指定要保存衍生标记值的标记的名称。该标记可以是模拟量、开关量或字符串，可以使用设备或内存作为数据源。标记名称也是衍生标记文件的名称。

(2) 在“描述”字段，输入对衍生标记功能的简短描述。这个说明仅用于提供参考信息，它不会显示在任何位置。

(3) 在“表达式”处，创建用于决定衍生标记值的表达式。

(4) 单击“接受”。

(5) 重复步骤(1)～(4)以创建更多衍生标记。

5. 编辑衍生标记

可以在开发或运行过程中编辑衍生标记，操作步骤如下：

(1) 打开要编辑的衍生标记文件。

(2) 使用“上一个”和“下一个”按钮在衍生标记中移动，进行所需要的修改。

(3) 单击“接受”以保存修改。

如果在运行过程中修改衍生标记文件，所做修改只有在停止运行文件并再次启动该文件时才会生效。

6. 启动和停止衍生标记处理

有很多方法可以启动和停止衍生标记处理，下面将介绍其中一种方法。

1) 启动衍生标记处理的方法

(1) 在“确定”编辑器中，选择“衍生标记”复选框并指定衍生标记文件。

(2) 在“宏”编辑器中，创建包括 DerivedOn <file> 命令的启动和登录宏。

(3) 在“图形显示”编辑器中，对“图形设置”对话框的“启动”字段指定 DerivedOn <file> 命令。

(4) 在“图形显示”编辑器创建一个按钮对象并指定 DerivedOn <file> 命令作为按下时的操作。当按钮被按下后，就会开始衍生标记处理。

(5) 在“事件”编辑器指定 DerivedOn <file> 命令作为事件的操作。

(6) 在命令行输入 DerivedOn <file>，然后按回车键。

2) 停止衍生标记处理的方法

当项目停止时，衍生标记的处理也会停止。使用以下任一种方法，可以在不停止项目的情况下停止衍生标记：

(1) 在“图形显示”编辑器中，在“图形设置”对话框的“关闭”字段里指定 DerivedOff <file>命令。当显示关闭时，衍生标记处理将停止。

注意，如果显示使用“始终更新”，选择对显示进行了缓存，DerivedOff 命令在该显示从缓存中清除(例如，使用 FlushCache 命令)前不会被执行。

(2) 在“图形显示”编辑器中，创建一个按钮对象并指定 DerivedOff <file>命令作为按下时的操作。当按钮被按下后，就会停止衍生标记处理。

(3) 在“图形显示”编辑器中，创建一个图形对象并贴上以 DerivedOff <file>命令为操作的触摸动画。当对象被触摸时，就会停止衍生标记处理。

(4) 在“事件”编辑器中，指定 DerivedOff <file>命令作为事件的操作。

(5) 在命令行中，输入 DerivedOff <file>，然后按回车键。

任务实施

本任务以东西方向车辆的行驶为例进行讲解，步骤如下。

1. 建立衍生标记

(1) 打开项目管理器，选择逻辑和控制(Logic and Control)下面的衍生标记(Derived Tags)，打开“衍生标记”对话框，按图 3.22 所示内容进行设置。

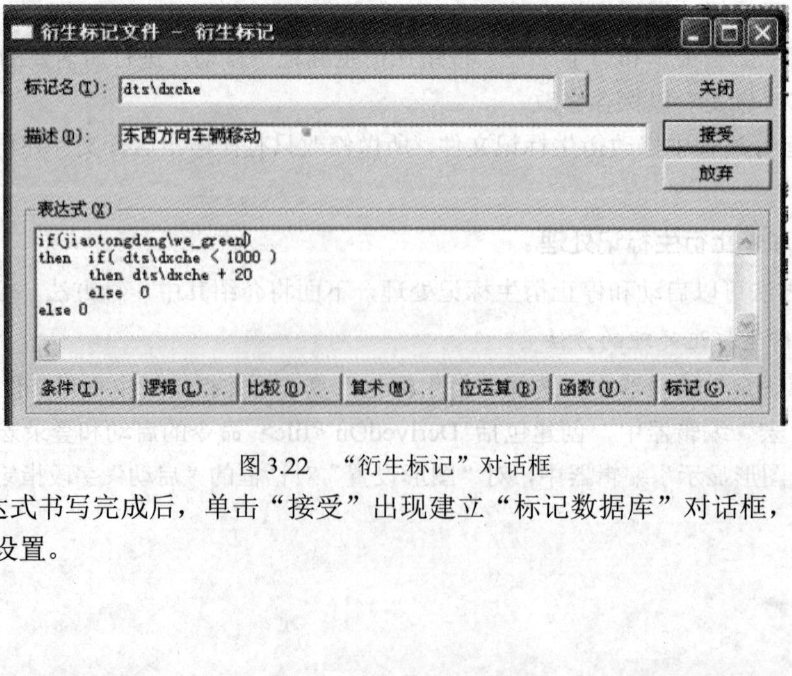

图 3.22　“衍生标记”对话框

(2) 表达式书写完成后，单击“接受”出现建立“标记数据库”对话框，按图 3.23 所示内容进行设置。

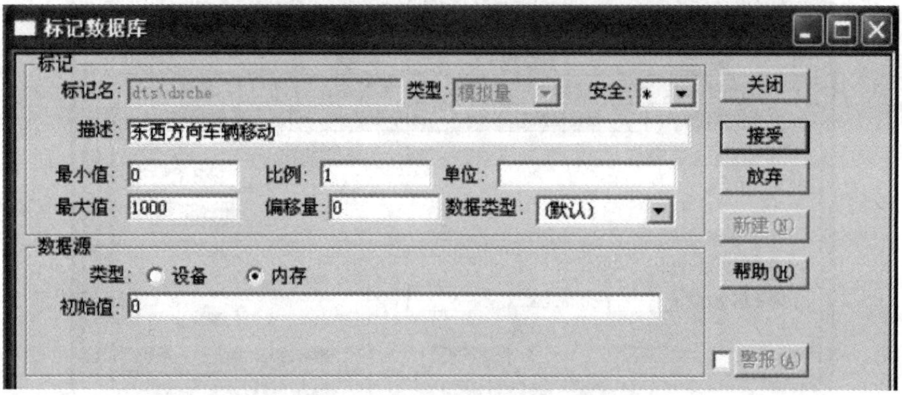

图3.23　建立“标记数据库”对话框

(3) 单击“接受”，衍生标记dts\dxche建立完成，把此衍生标记命名保存为衍生标记文件。

2. 启动衍生标记

在界面空白位置，单击右键，出现“显示设置”对话框，按照图3.24所示内容进行设置，这样在界面打开时，衍生标记就启动了。

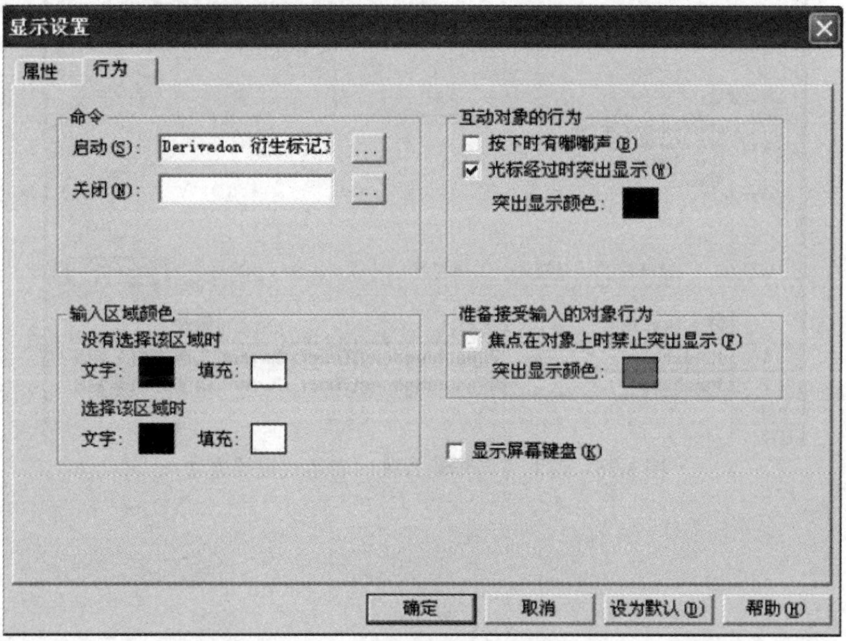

图3.24　启动衍生标记设置对话框

3. 建立联系

选择东西方向的车辆，单击右键选择“动画”(Animation)→“水平位置”(Horizontal Position)，出现“水平位置配置”对话框，按照图3.25所示内容进行设置。设置完成后，运行画面，当东西方向信号灯为绿灯时，车辆开始行使。

图 3.25　东西方向车辆水平位移的设置对话框

4．设置南北方向的车辆

南北方向车辆的行驶需要设置垂直位置，同时车辆行驶过程中衍生标记的表达式如图 3.26 所示。

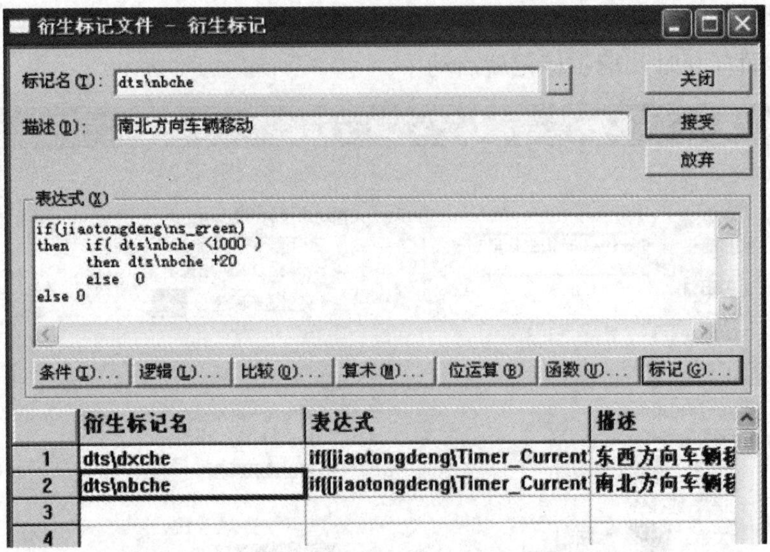

图 3.26　南北方向车辆行驶的表达式设置方法

学习情境 4

触摸屏远程监控电机运转人机界面的设计

任务 1　PanelView Plus 600 触摸屏的特性及设置方法

任务描述

本次任务主要介绍了 PanelView Plus 600 触摸屏的特性和此款触摸屏的设置方法，设置完成后可以通过计算机设计人机界面嵌入到我们的触摸屏中，从而实现远程监控电机运转的功能。

任务分析及相关知识点

用户可以在 A-B 公司的触摸屏上设置 IP 地址，达到利用触摸屏对现场设备的工作情况进行监视和控制的目的。例如 PanelView 600、700、1000 和 1500，还有 PanelView 300、300 Micro 和 550 等。用户还可以根据应用的场合、环境、需求来选择不同的版本。由于 PanelView Plus 应用非常灵活，因此它们成为了备受欢迎的终端设备。下面我们主要介绍一下 PanelView Plus 600 触摸屏的使用。

1. 软件支持

所有 PanelView Plus 操作员界面都已预装 RSView Machine Edition Runtime。该软件是 PanelView Plus 操作员界面上的人机界面软件，不需要激活，只需要通过在计算机上运行的 RSView Studio 软件来开发 PanelView Plus 操作员界面应用项目。

2. 硬件特性

PanelView Plus 600 操作员界面具有如下特性：

(1) PanelView Plus 600 操作员界面可提供彩色或灰度图形显示和键盘、触摸屏或键盘/触摸屏输入。

(2) 基本单元配置仅有 RS-232 端口或 RS-232、以太网及通信模块接口。

(3) 可以在带有模块化通信接口的基本单元上安装通信模块，增强其通信功能。

(4) 可以采用交流(85～264 V)或直流(18～32 V)电源供电。

(5) 通过 CF 插槽，支持类型 1 的 CF 闪存卡。

(6) USB 端口可用于连接鼠标、键盘、打印机、条码扫描器及其他设备。

3. 基本单元配置

PanelView Plus 600 操作员界面基本单元有两种配置版本：

(1) 仅带有一个 RS-232 端口及一个 USB 端口的基本单元。

(2) 带有 RS-232、10BaseT 以太网端口、USB 端口及通信模块接口的基本单元。其配置版本如图 4.1 和图 4.2 所示。

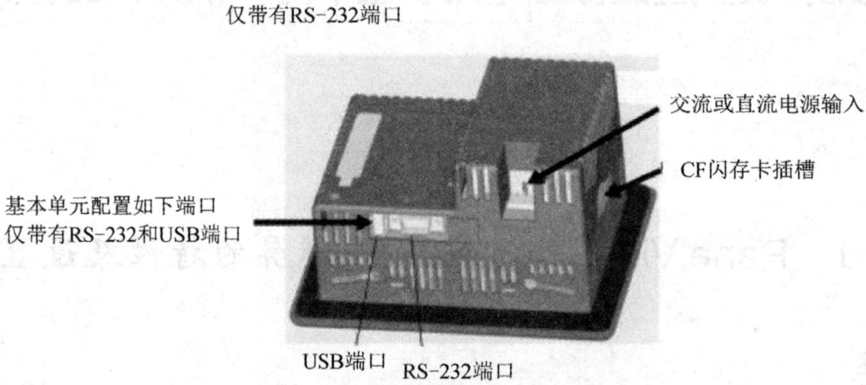

图 4.1　PanelView Plus 600 第一种配置版本

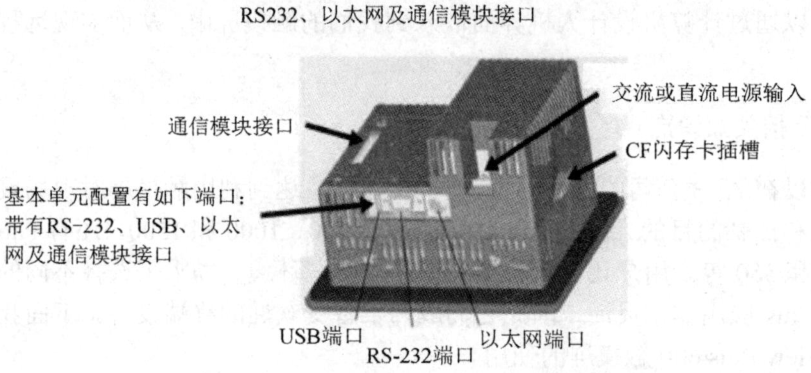

图 4.2　PanelView Plus 600 第二种配置版本

4. 通信模块

用户可以将一个独立的通信模块(DH-485、DH+、RemoteI/O、隔离型 RS-232)连接到带有通信模块接口的 PanelView Plus 600 基本单元上，用于增强通信能力。

通信模块可以很容易地安装在基本单元背部，如图 4.3 所示。

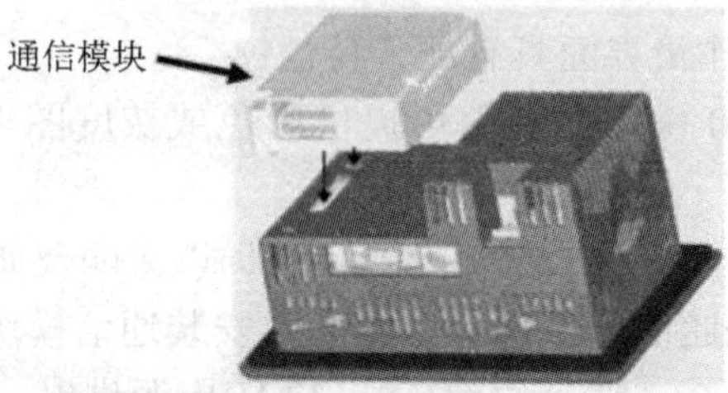

图 4.3　安装通信模块

5. 交流或直流电源

PanelView Plus 600 操作员界面的基本单元可以使用交流(85～264 V)或直流(18～32 V)电源供电，增强了应用项目的灵活性。

6. 显示屏与输入选项

PanelView Plus 600 操作员界面可以使用的输入方式是带有键盘/触摸屏的 5.5 英寸(320×240)彩色或灰度图形显示屏。PanelView Plus 600 操作员界面还提供了一个压感模拟式触摸屏，允许用户灵活地配置触摸区域。

触摸屏型 PanelView Plus 600 彩色或灰度操作员界面如图 4.4 所示。

图 4.4　PanelView Plus 600 彩色或灰度操作员界面

以上就是 PanelView Plus 600 触摸屏的特性，主要包括软件支持、硬件特性、基本单元配置、通信模块、交流或直流电源、显示屏与输入选项等。了解了上述内容后，下面开始讲述其操作方法及有关参数的设置。

任务实施

之前介绍了 PanelView Plus 600 触摸屏的特性，下面我们来介绍一下其使用设置模式。PanelView Plus 600 触摸屏的使用设置模式主要包括启动设置模式、网络与通信、文件的删除、操作员界面信息等。

1. 启动设置模式

当用户复位或启动 PanelView Plus 操作员界面时，会自动进入设置模式，其设置界面如图 4.5 所示。

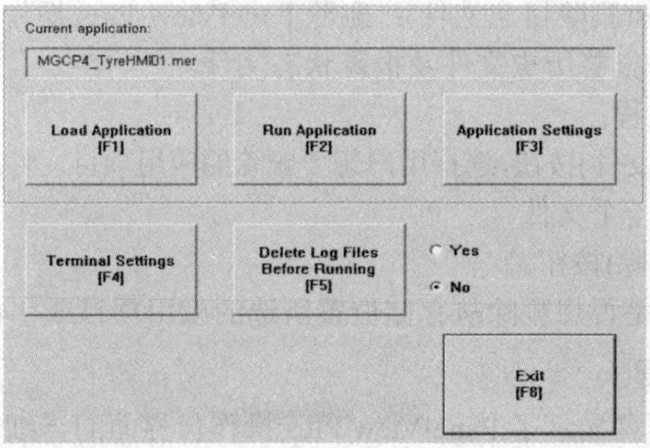

图 4.5　PanelView Plus 设置模式界面

主屏幕按钮描述信息如下：

(1) 加载应用项目(F1)：打开另外一个屏幕，用户可以在这个屏幕上选择要加载的应用项目。应用项目一旦被加载后，应用项目名称将显示在 Current application(当前应用项目)的下面。

(2) 运行应用项目(F2)：运行在 Current application 下面显示的.mer 应用项目。在运行应用项目之前必须先加载应用项目。

(3) 应用项目设置(F3)：打开应用项目的菜单，对应用项目进行设置。

(4) 操作员界面设置(F4)：打开选项菜单，为 PanelView Plus 操作员界面设置非应用项目，这是针对特定操作员界面的设置。

(5) 运行前删除日志文件(F5)：在 Yes 与 No 之间选择。如果用户选择了 Yes，所有数据日志文件、报警历史和报警状态文件将在应用项目运行之前被删除；如果用户选择了 No，日志文件不会被首先删除。

(6) 复位(F7)：复位操作员界面。此动作是否在启动时发生，取决于用户在 Windows 启动文件夹中是否定义了快捷路径。

(7) 退出(F8)：退出设置模式。

2. 网络与通信

1) RSLinx Enterprise 通信

RSLinx Enterprise 通信屏幕显示了已安装通信卡和网络设置的树型结构。用户可以编辑/查看.mer 应用项目所使用的通信协议驱动程序设置并编辑网络上控制器的设备地址。

2) IP 地址

IP 地址屏幕显示了所选网络适配器的 IP 地址。如果 PanelView Plus 连接到的网络没有自动分配 IP 地址，则用户可以在此屏幕中分配地址。具体的 IP 地址设置过程为：在键盘上按 F4 进行操作员界面设置→选择“网络与通信”→单击“IP 地址设置菜单”，打开它就可以在上面输入触摸屏的 IP 地址，其 IP 地址为 192.168.30.103。

3. 文件的删除

用户可以在删除文件屏幕中进行下列操作：

① Delete Applications(删除应用项目)：从一个存储位置删除一个.mer 应用项目文件。

② Delete Fonts(删除字体)：从一个存储位置删除一个字体文件。

③ Delete Log Files(删除日志文件)：删除 PanelView Plus 操作员界面上系统缺省位置的所有数据日志文件、报警历史文件及报警状态文件。

删除应用项目的过程：

(1) 单击 Source(源文件)按钮，选择用户想要删除的应用项目文件或字体文件的存储位置。

(2) 从列表中选择一个文件。

(3) 选择 Delete(删除)按钮。

(4) 用户将被询问是否想删除从存储位置所选的应用项目或字体文件，选择 Yes 或 No。

4. 操作员界面信息

操作员界面信息屏幕显示了 PanelView Plus 操作员界面的详细信息，包括总上电时间、处理器温度、电池电压及电池状态、操作员界面内存量。

除了内存分配外，所有的区域都是只读的。要获取关于内存分配的详细信息，请选择 Memory Allocation(内存分配)按钮。

以上内容就是 PanelView Plus 600 的使用设置模式，主要包括了启动设置模式、IP 地址的设置、文件的删除等。在了解了 PanelView Plus 600 触摸屏的特性，并且学会了其操作方法之后，就可以编写程序了，下面以 ControlLogix PLC 编程为例进行介绍。

任务 2　远程监控电机运转 PLC 程序的设计

ControlLogix 系统是基于模块和网络组合的模块化结构硬件平台，具备通信完成数据交换的先进信息传递模式，采用计算机标准化数据结构，使用通用的软件操作方法，具有拓展性、延伸性、兼容性、通用性等特点，该产品是具有领先地位的工业控制系统产品。下面以变频器的网络控制来介绍 ControlLogix PLC 的应用。

1. 创建 ControlLogix 项目

1) 启动 RSLogix 5000 软件

用鼠标单击“开始”→“所有程序”→“Rockwell Soft”→“RSLogix 5000 Enterprise Series”→“RSLogix 5000”，启动 RSLogix 5000 软件，启动画面如图 4.6 所示。

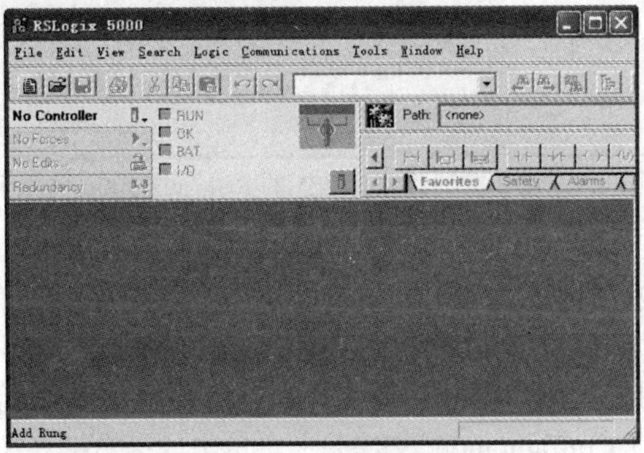

图 4.6　RSLogix 5000 软件的主界面

2) 创建新的控制器

从“File”菜单中选择“New”命令，弹出“New Controller”对话框，如图 4.7 所示。

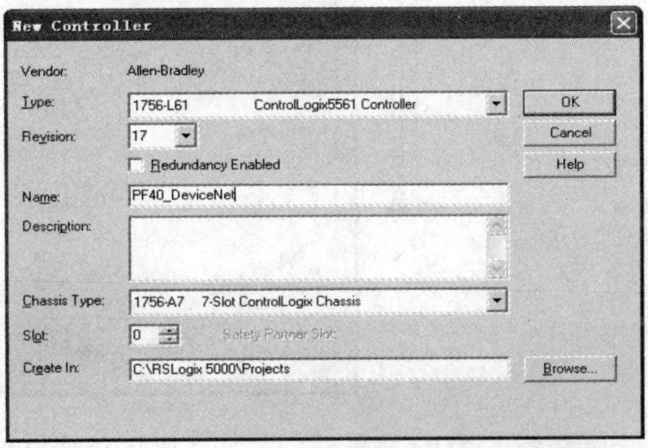

图 4.7　“New Controller”对话框

在“Type”框里选择所使用的控制器类型为“1756-L61”，在“Revision”下拉框里选择编程软件的版本为“17”，在“Name”文本框里输入控制器的名字，在“Chassis Type”文本框里选择控制器所在的机架类型为“1756-A7 7-Slot ControlLogix Chassis”，在“Slot”文本框里选择控制器在机架中所在槽的位置，最后单击“OK”。一个新的控制器项目文件就被创建了，建立控制器项目文件的 RSLogix 5000 主界面如图 4.8 所示。

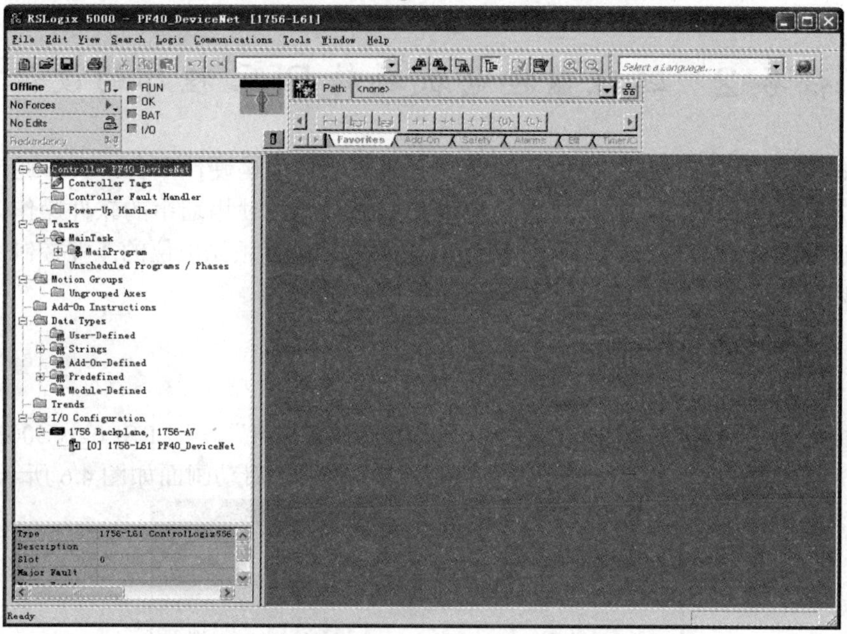

图 4.8　建立控制器项目文件的 RSLogix 5000 主界面

2. 硬件组态

硬件组态就是完成硬件方面的配置，任何系统光有软件是不能使用的，必须将软、硬件进行结合才能使用，例如本次设计所用到的 ControlLogix PLC。硬件组态所完成的任务就是为控制器添加使用的模块，如通信模块、数字量模块、模拟量模块等。

(1) 把光标放在 I/O Configuration 文件夹上，单击鼠标右键，在弹出的快捷菜单中选择“New Module...”命令，如图 4.9 所示。接着弹出“Select Module”对话框，如图 4.10 所示。

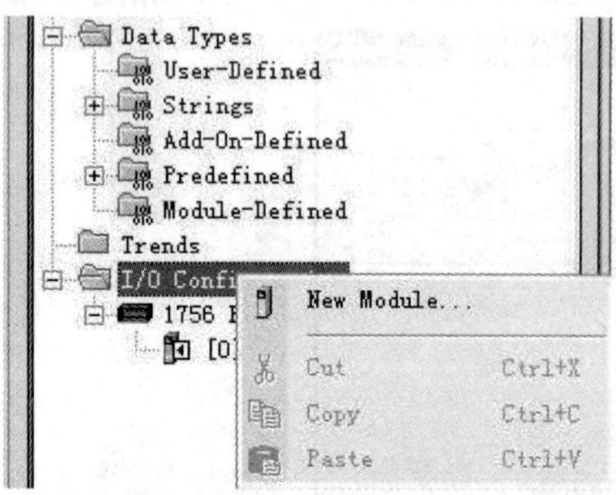

图 4.9　添加新模块

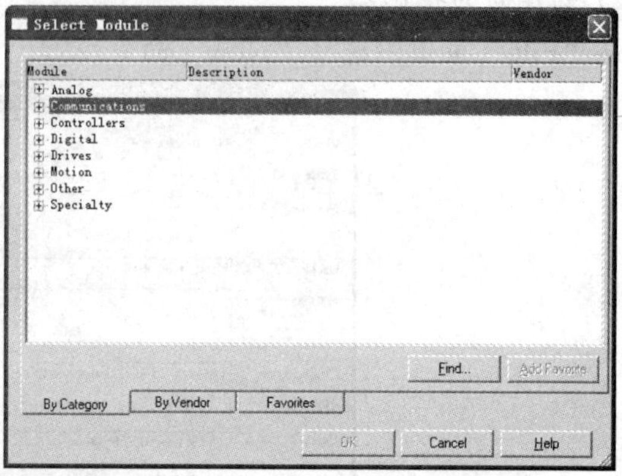

图 4.10　“Select Module”对话框

(2) 单击“Communications”前面的“+”号，该控制器支持的通信模块的具体型号即可显示出来，如图 4.11 所示。找到并选中 1756-ENBT/A，单击“OK”按钮，弹出“Select Major Revision”对话框。

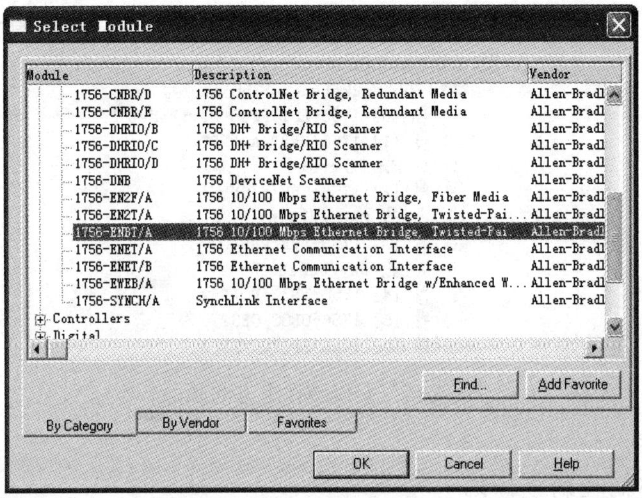

图 4.11　选择模块的型号

(3) 在如图 4.12 所示的“Select Major Revision”对话框中，为模块选择一个与它所属的控制器相适应的主要版本。选好版本后，单击“OK”按钮，进入模块的配置界面，如图 4.13 所示。

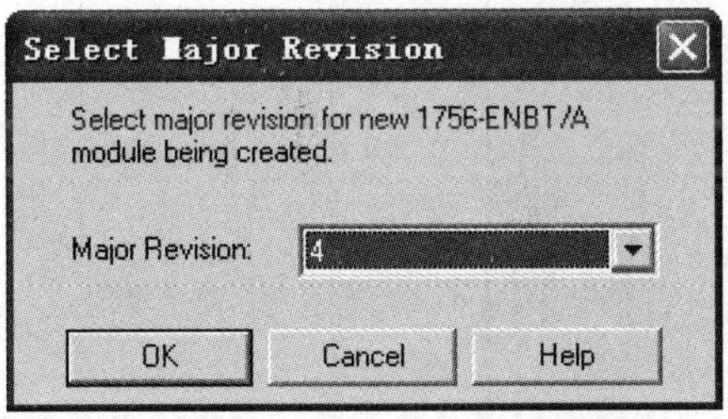

图 4.12　选择模块的主要版本

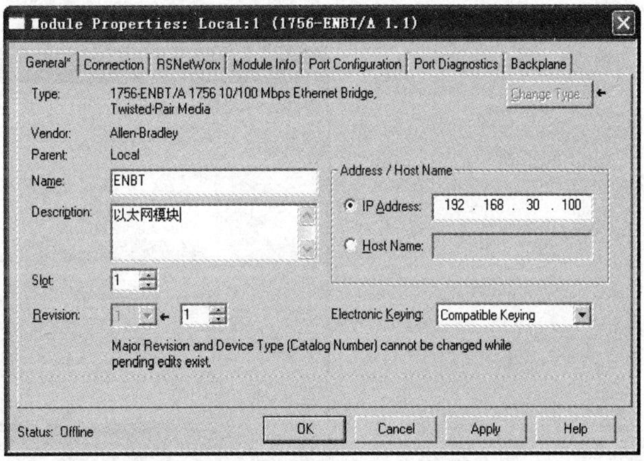

图 4.13　配置好的以太网模块

(4) 在如图 4.13 所示的对话框中输入相关参数后，单击“OK”按钮，完成该模块的添加。该模块显示在“I/O Configuration”文件夹下，如图 4.14 所示。

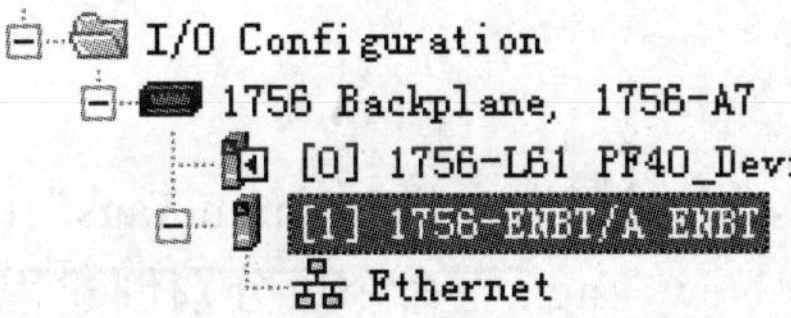

图 4.14　新添加的模块

(5) 按照上述步骤，分别添加 1756-CNB/E(ControlNet 网络模块，Slot2)、1756-DNB (DeviceNet 扫描器模块，Slot3)、1756-IB32/B(数字量输入模块，Slot4)、1756-OB32(数字量输出模块，Slot5)和 1756-IF4FXOF2F/A(模拟量输入/输出混合模块，Slot6)，并对上述模块的有关参数进行设置。全部模块配置完成的“I/O Configuration”文件夹如图 4.15 所示。

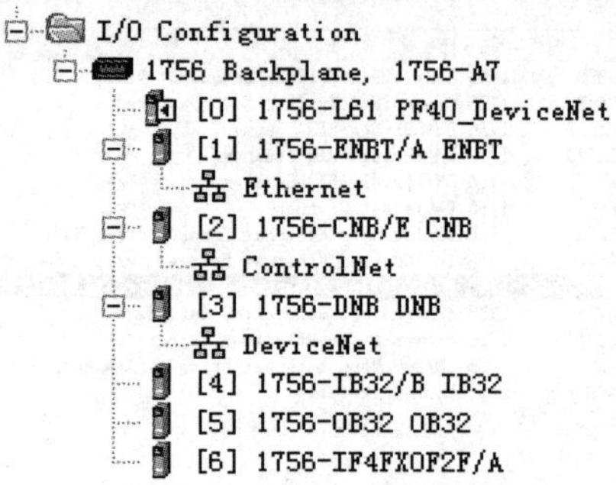

图 4.15　完成硬件组态的画面

3. 标记的确定

1) 创建一个新的控制域标记

右键单击“Controller Tags”，在弹出的菜单中选择“New Tag”(新建标记)。在“New Tag”对话框的“Name”文本框中输入名称“DriveInputImage”；在“Type”(标记类型)下拉框中选择“Base”(基本型)；在“Data Type”(数据类型)下拉框中输入“INT[2]”；在“Scope”(范围)下拉框中选择“PF40_DeviceNet”；在“Style”(数据格式)下拉框中选择“Decimal”(十进制)，如图 4.16 所示。

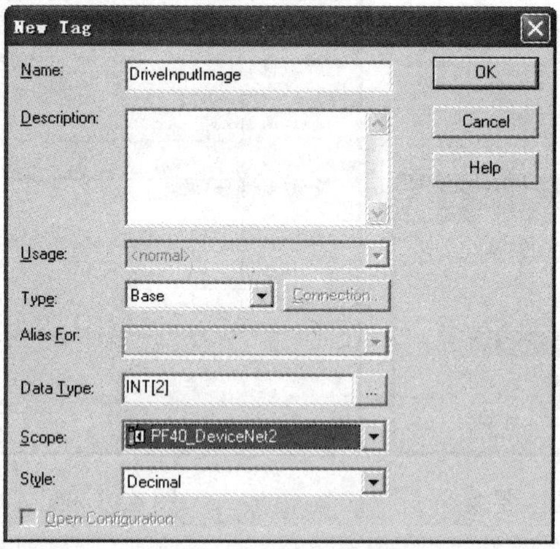

图 4.16　新建 DriveInputImage 标记

继续建立标记“DriveOutputImage”，除名称外，各项参数与 DriveInputImage 标记相同。

2) 新建程序域标记

在 Controller 管理器窗口中，用鼠标选中“Program Tags”(程序域标记)，单击鼠标右键，在弹出的快捷菜单中选择“New Tag...”命令，分别创建程序域内的标记，如图 4.17 所示。新建的程序域标记如图 4.18 所示。

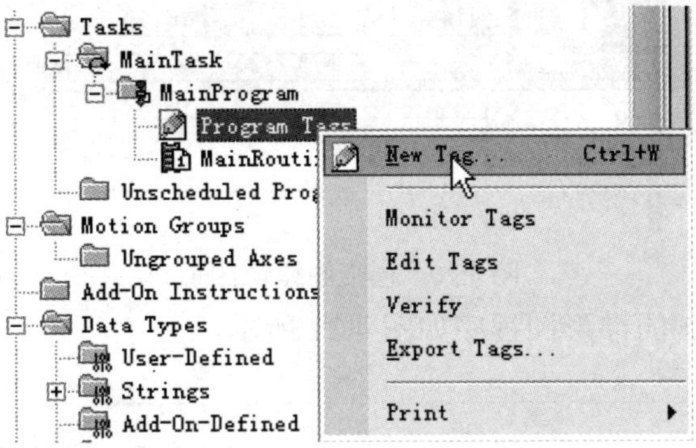

图 4.17　选择“New Tag...”命令

Scope: MainProgram　Show...　Show All

Name	Value	Force Mask	Style	Data Type	Description
DriveCommandClearF...	0		Decimal	BOOL	逻辑命令位3(清除故障位)
DriveCommandForward	0		Decimal	BOOL	逻辑命令位4(正转)
DriveCommandJog	0		Decimal	BOOL	逻辑命令位2(点动位)
DriveCommandStart	0		Decimal	BOOL	逻辑命令位1(启动位)
DriveCommandStop	0		Decimal	BOOL	逻辑命令位0(停止位)
+ DriveFeedback	0		Decimal	INT	速度反馈值
+ DriveReference	0		Decimal	INT	速度参考值
DriveStatusActive	0		Decimal	BOOL	逻辑状态位1(运行)
DriveStatusAtReferen...	0		Decimal	BOOL	逻辑状态位8(AT SPEED)
DriveStatusFaulted	0		Decimal	BOOL	逻辑状态位7(故障)
DriveStatusForward	0		Decimal	BOOL	逻辑状态位3(正转)
DriveStatusReady	0		Decimal	BOOL	逻辑状态位0(准备好)

图 4.18　新建的程序域标记

4. 设计梯形图程序

(1) 双击“MainRoutine”，如图 4.19 所示。

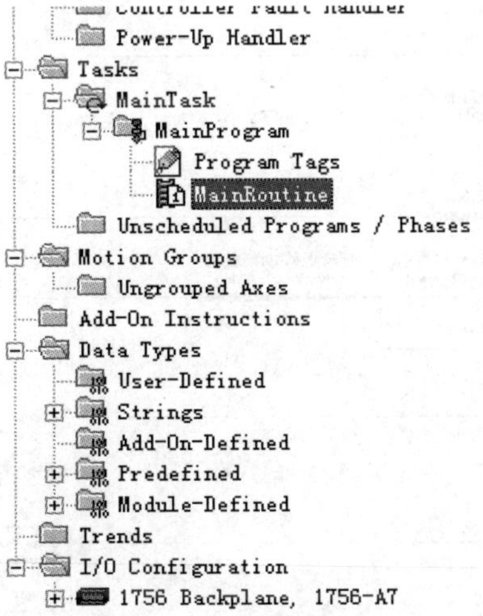

图 4.19　编辑梯形图

(2) 产生梯形图编辑界面，如图 4.20 所示。

图 4.20　梯形图编辑界面

(3) 变频器网络控制的梯形图程序如图 4.21 所示。

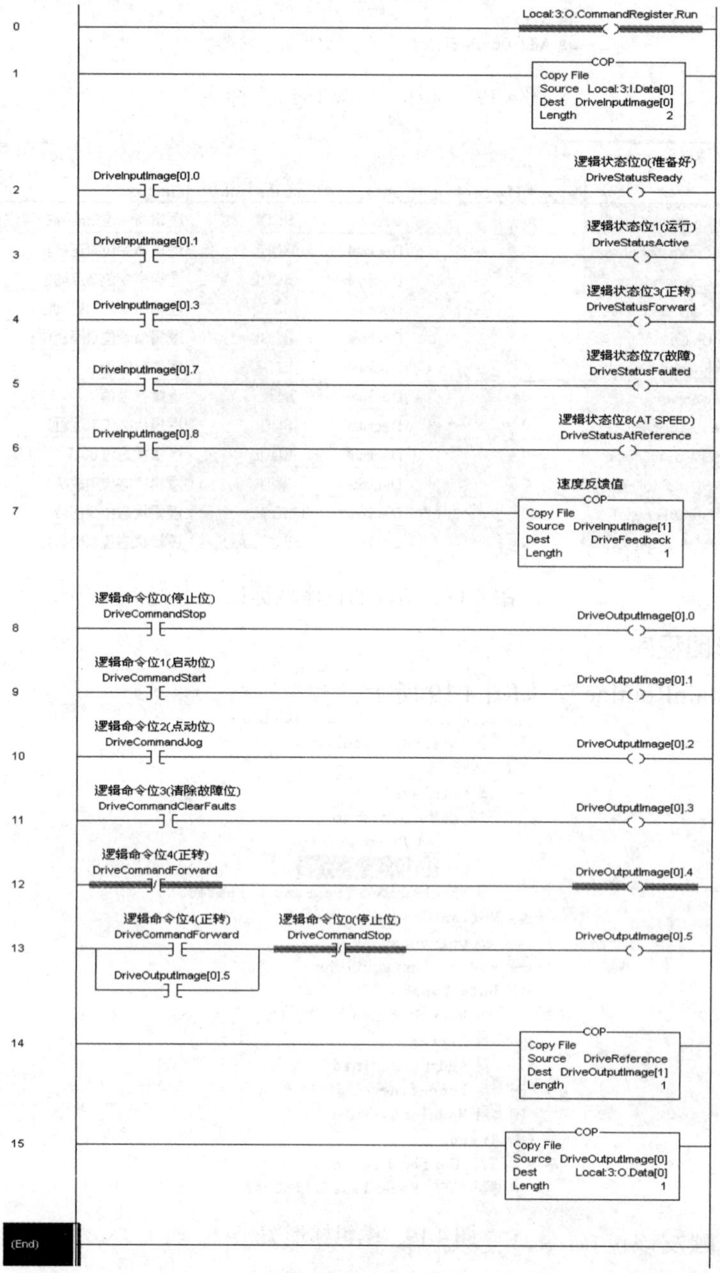

图 4.21　变频器网络控制的梯形图程序

(4) 编辑好如图 4.21 所示的程序后，检查程序的正确性，如图 4.22 所示。

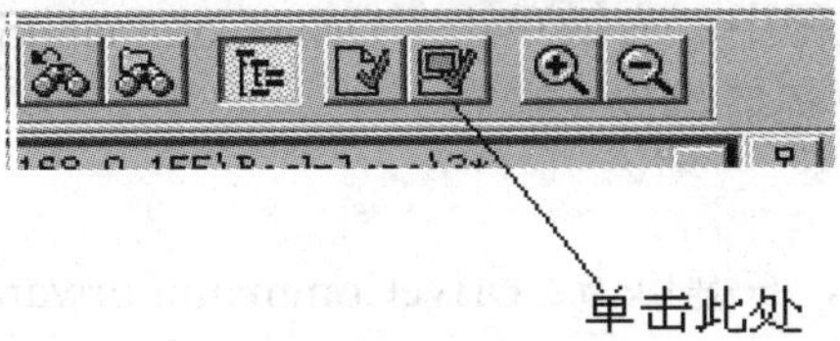

图 4.22　检查程序的正确性

(5) 如果没有错误提示，则可以在选择路径后将程序下载到控制器，如图 4.23 所示。

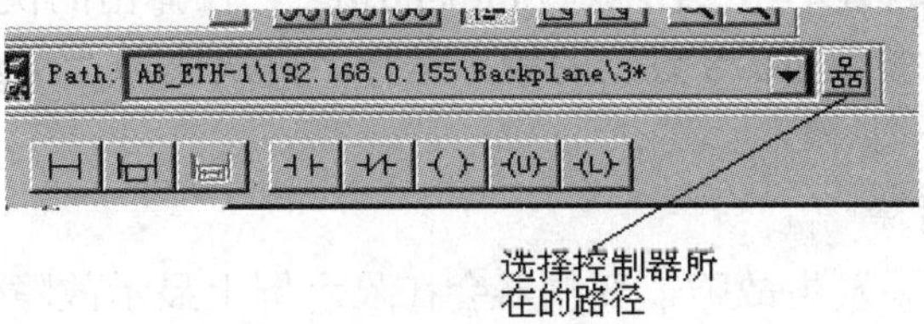

图 4.23　选择下载路径

(6) 选择“Download”，如图 4.24 所示。

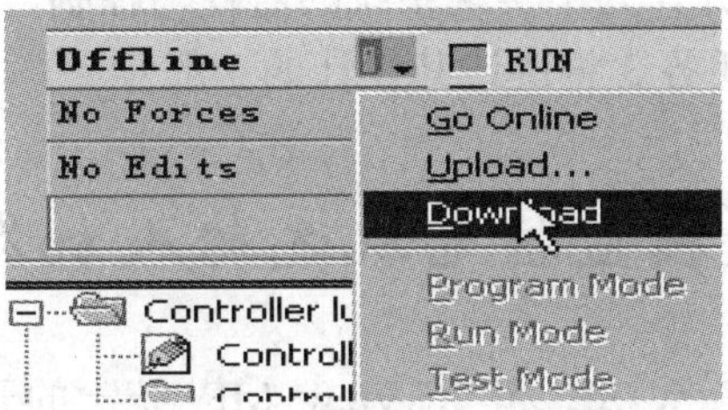

图 4.24　选择“Download”

(7) 单击“Download”，开始下载如图 4.25 所示。

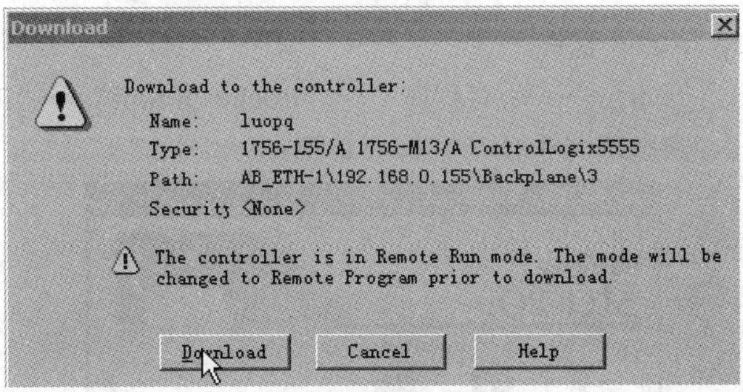

图 4.25　单击“Download”

5. 变频器的网络控制过程分析

将标记“DriveReference”的值改为 300，即将变频器预定频率设为 30 Hz。

1) 变频器的启动运行

在梯形图程序中，右键单击“DriveCommandForward”，在弹出的快捷菜单中选择“Toggle Bit”(触发该位)命令，变频器启动，并以设定频率 30 Hz 正转运行。改变标记“DriveReference”的数值，可以改变变频器的运行频率。

2) 变频器的停止操作

在变频器正转运行的过程中，右键单击“DriveCommandSop”，在弹出的快捷菜单中选择“Toggle Bit”命令，变频器将停止运行。

3) 变频器的反转运行

在变频器运行的过程中，右键单击“DriveCommandForward”，在弹出的快捷菜单中选择“Toggle Bit”命令，变频器将反转运行。

4) 变频器的点动运行

在梯形图程序中，右键单击“DriveCommandJog”，在弹出的快捷菜单中选择“Toggle Bit”命令，变频器将以参数 A078 设定的频率运行。再次选择“Toggle Bit”命令，变频器将停止运行。

5) 变频器的故障清除

在运行过程中，如果发生故障，变频器会在显示屏上显示故障代码。当排除故障时，右键单击“DriveCommandClearFaults”，在弹出的快捷菜单中选择“Toggle Bit”命令，显示屏上显示的故障代码将会消失。

以上就是系统的程序设计，为了实现系统的监视与控制，我们还需要组态软件人机界面 RSView Studio 的设计，任务 3 将讲述其设计的一般步骤。

任务 3　远程监控电机运转人机界面的设计

RSView Studio 是 RSView SE 和 RSView ME 统一的开发平台。RSView Machine Edition(简称 ME)是一套基于设备层的、开放的嵌入式人机界面，用于运行由 RSView Studio 开发出来的监控系统应用程序。

1. 启动 RSView Studio 软件

(1) 用鼠标单击“开始”→“所有程序”→“Rockwell Soft”→“RSView Enterprise”→“RSView Studio”，弹出如图 4.26 所示的对话框。

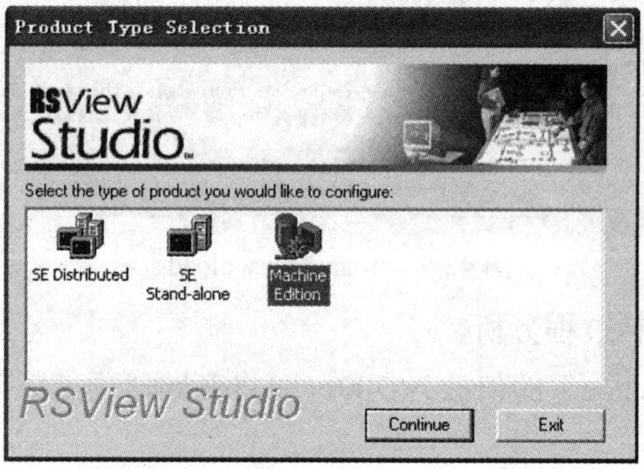

图 4.26　启动 RSView Studio

(2) 选中“Machine Edition”，然后单击“Continue”，接着选择“Cancel”，弹出如图 4.27 所示的对话框。

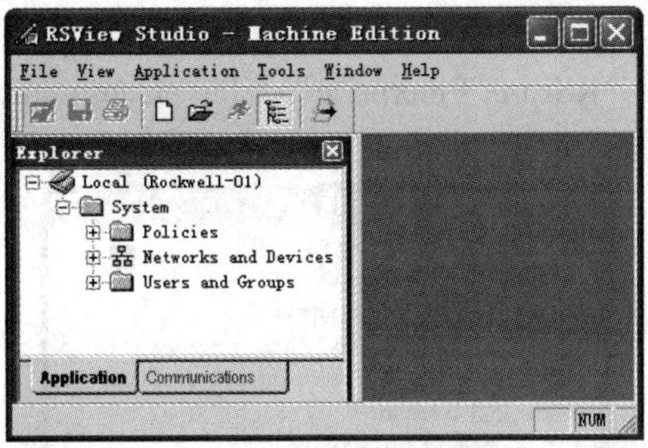

图 4.27　启动后的界面

2. 创建工程

(1) 从“File”菜单中选择“New Application”命令，弹出“New/Open Machine Edition Application”对话框，如图 4.28 所示。

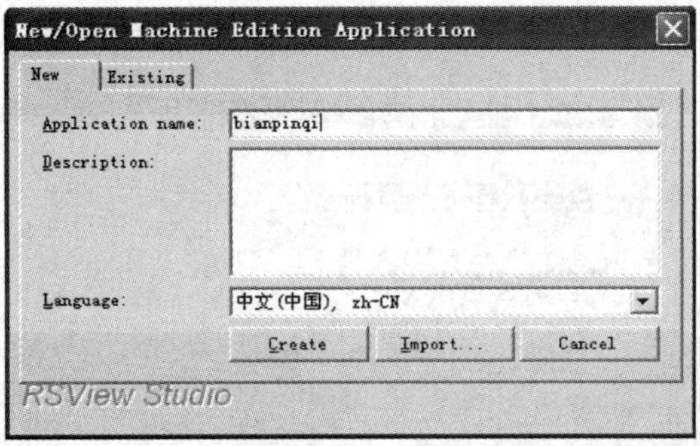

图 4.28　“New/Open Machine Edition Application”对话框

(2) 在“Name”中输入新建项目的名称，然后单击“Create”命令，弹出如图 4.29 所示的新建项目对话框。

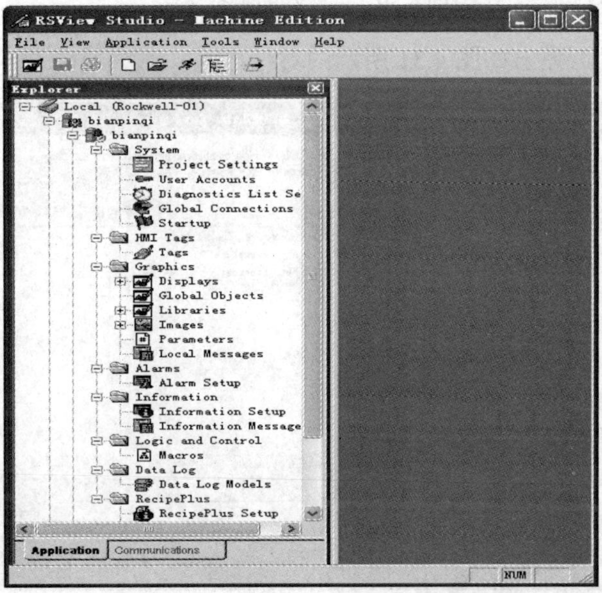

图 4.29　新建应用项目的主界面

3. 建立通信

(1) 双击项目管理器中“RSLinx Enterprise”下的“Communication Setup”，然后在弹出的对话框中选中“Create a new configuration”，创建新的组态文件，如图 4.30 所示。

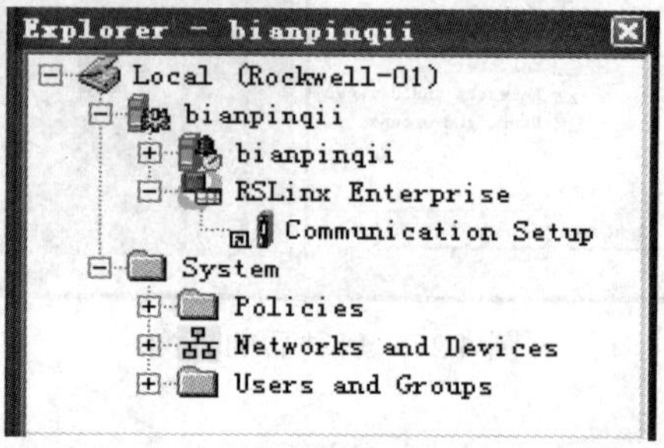

(a)

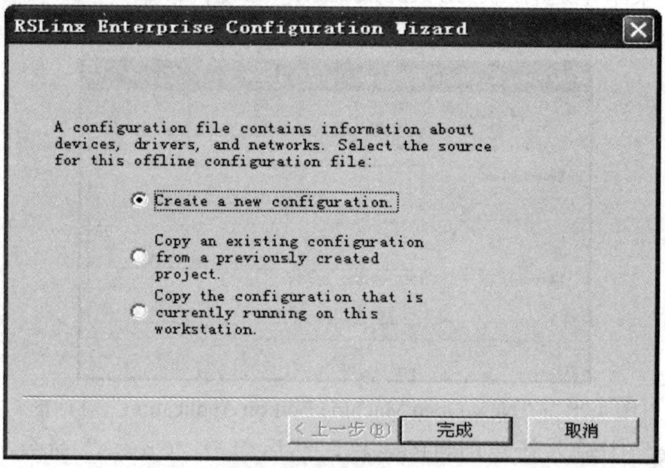

(b)

图 4.30　创建新的组态文件

(2) 单击“完成”，弹出如图 4.31 所示的对话框。

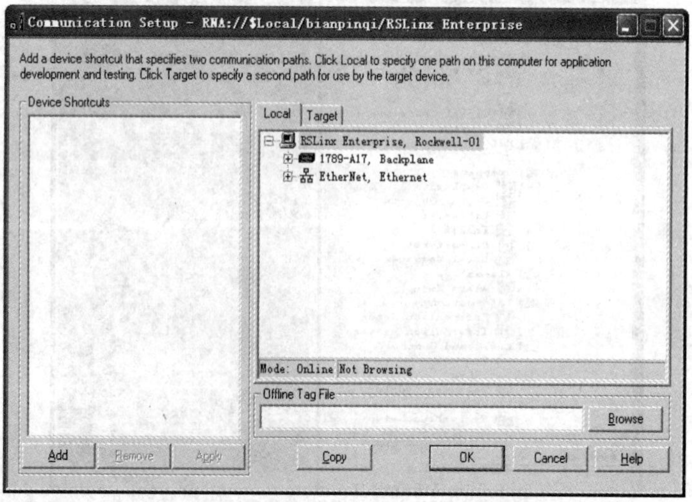

图 4.31　创建新的组态文件后的界面

(3) 在图 4.31 所示窗口的左下角单击“Add”，命名为“bianpinqi”。选中“bianpinqi”，然后再在右边窗口的 Local 表中选中 1756-L61 处理器模块，最后单击“OK”，即在 Local 表中建立了从 PC 到 PLC 的通信连接，如图 4.32 所示。

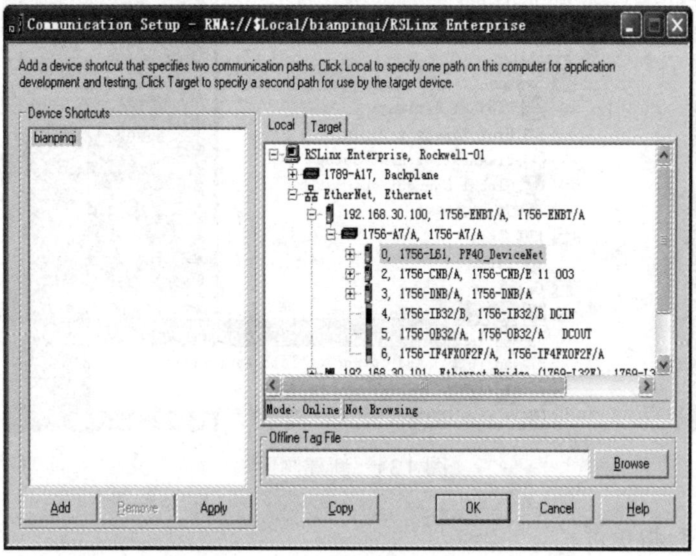

图 4.32　建立通信

(4) 在 Local 表中选择“Copy”，然后在弹出的对话框中选择“Yes”，即在 Target 表中建立了从 PLC 到触摸屏的通信连接。

4. 规划和创建控制画面

1) 规划界面

(1) 双击项目管理器中的“Project Settings”，弹出如图 4.33 所示的对话框，在对话框中的“Project window size”下拉菜单中选择 320 × 240，然后单击“OK”。

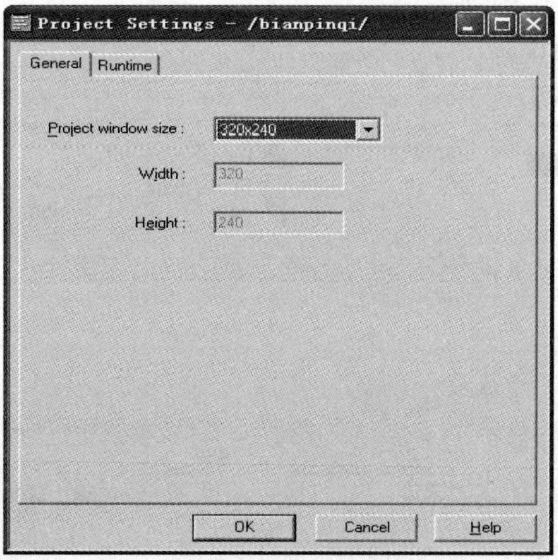

图 4.33　“Project Settings-/bianpinqi/”对话框

(2) 在项目管理器中右键单击“Display”，然后选择“New”，新建一张画面，如图 4.34 所示。

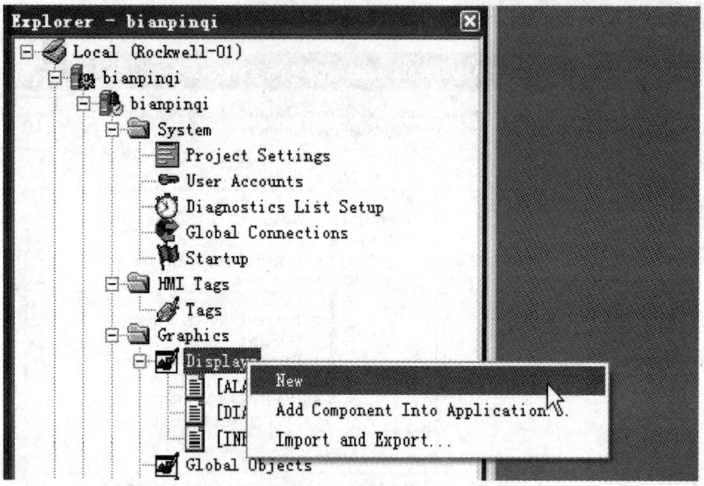

图 4.34　新建画面

2) 规划按钮和指示灯

在控制画面中添加启动按钮、停止按钮、点动按钮、正反转切换按钮、清除故障按钮，并添加状态指示器来显示电动机的运行状态以及显示其有无故障，我们也可以用灯来指示。另外，还要求能够控制电动机的运行频率，并且该频率能够显示在画面上，因此，还要添加一个数字显示器和一个数字输入器。

(1) 在菜单栏中选择“Objects”→“Push Button”→“Momentary”，添加一个“Momentary Push Button”。双击按钮在 States 中为“State0”和“State1”分别添加“启动按钮”的状态描述，如图 4.35 所示；在“Connections”中为按钮对象指定数据来源(控制器中的标记)，如图 4.36～图 4.38 所示。

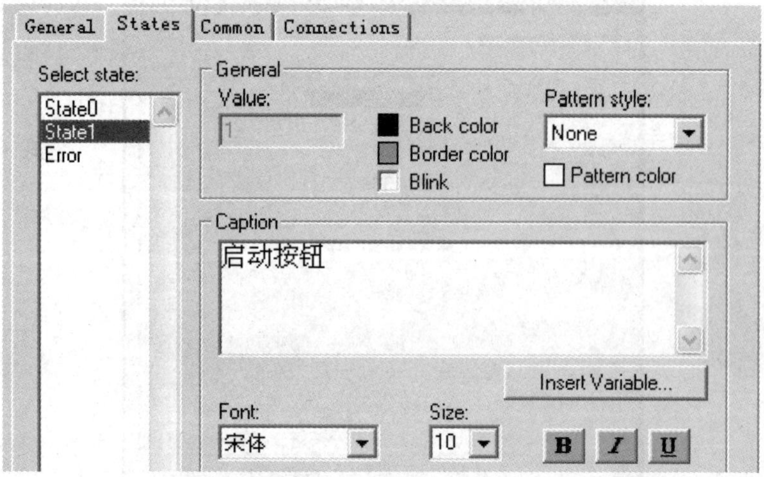

图 4.35　添加状态描述

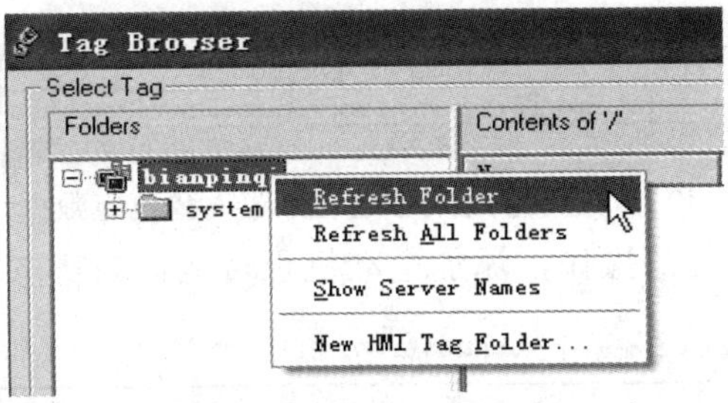

图 4.36　刷新文件

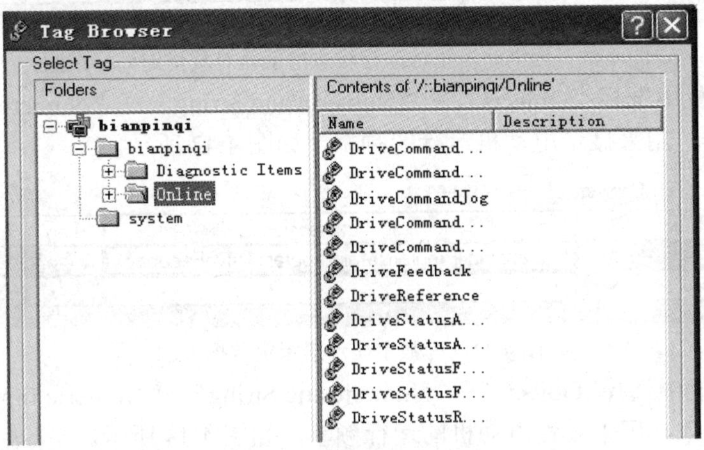

图 4.37　控制器中的标记

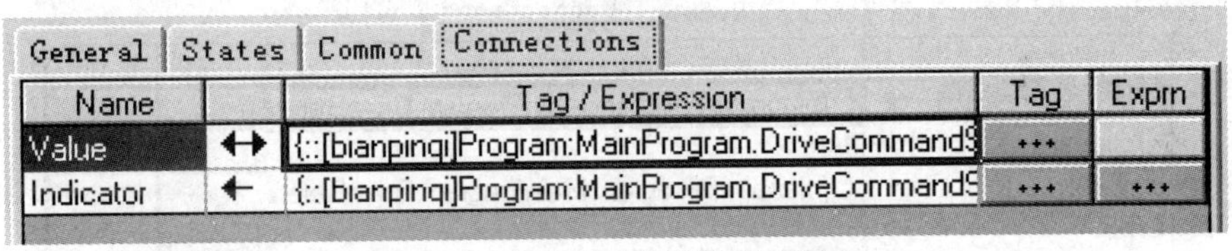

图 4.38　为启动按钮指定数据来源

(2) 和步骤(1)进行同样的操作，添加停止按钮、点动按钮、正反转切换按钮和清除故障按钮。

(3) 在菜单栏中选择“Objects”→“Indicator”→“Multistate”，添加一个“Multistate Indicator”，如图 4.39 所示。为“State0”和“State1”分别添加“电机停止”和“电机运行”的状态描述；在“Connections”中为多状态指示器对象指定数据来源(控制器中的标记)，如图 4.40 所示。

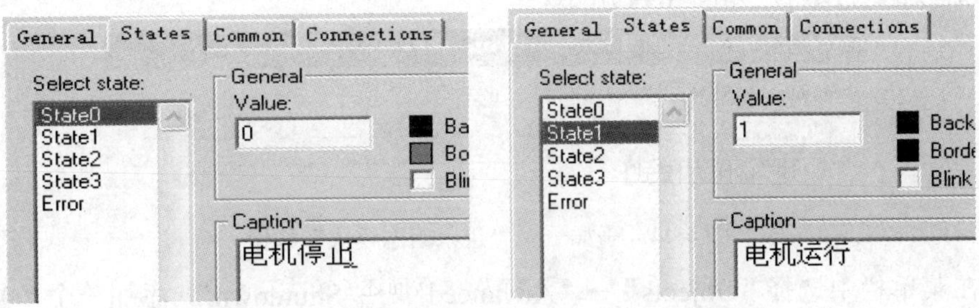

图 4.39　为电机添加停止和运行的状态描述

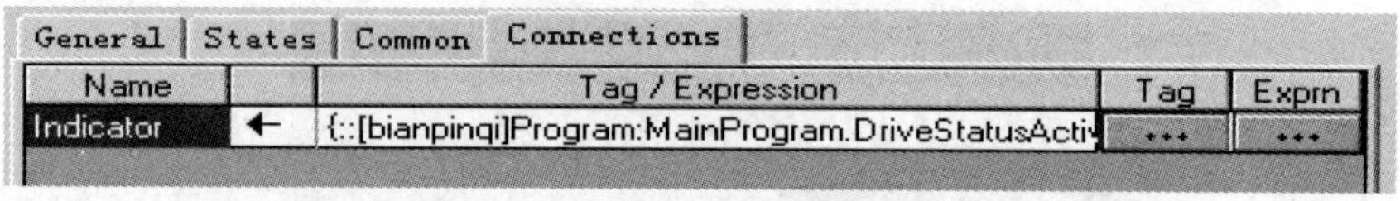

图 4.40　为电动机运行状态指示器对象指定数据来源

(4) 和步骤(3)进行同样的操作，添加电动机正转运行的状态指示器，如图 4.41 所示。

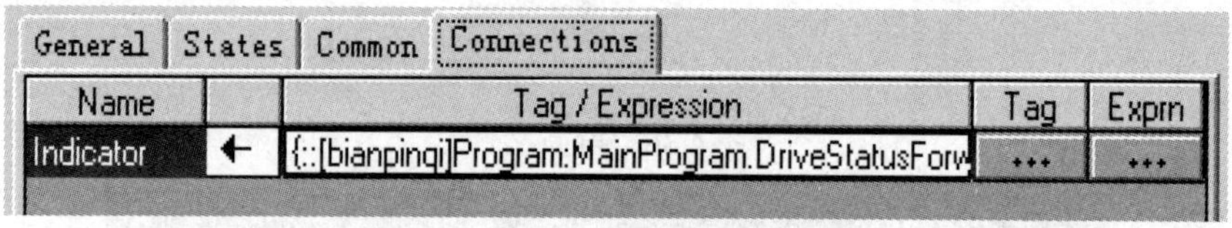

图 4.41　为电动机正转运行状态指示器对象指定数据来源

(5) 在菜单栏中选择“Objects”→“Numeric and String”→“Numeric Display”，添加一个数字显示器，用来显示电动机运行的频率，如图 4.42 所示。

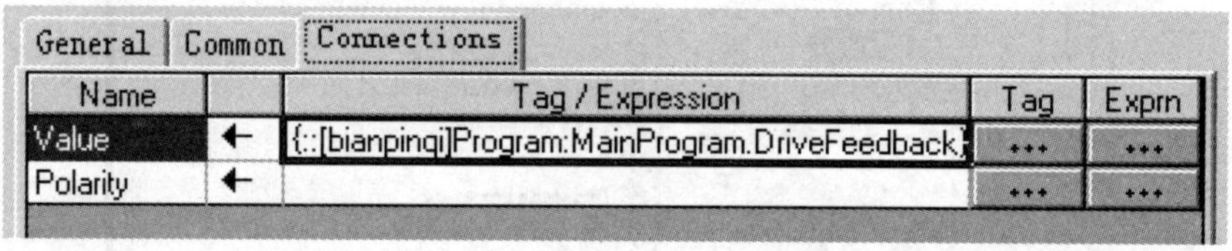

图 4.42　为数字显示器指定数据来源

(6) 在菜单栏中选择“Objects”→“Numeric and String”→“Numeric Input Cursor Point”，添加一个数字输入，用来设置电动机的运行频率，如图 4.43 所示。

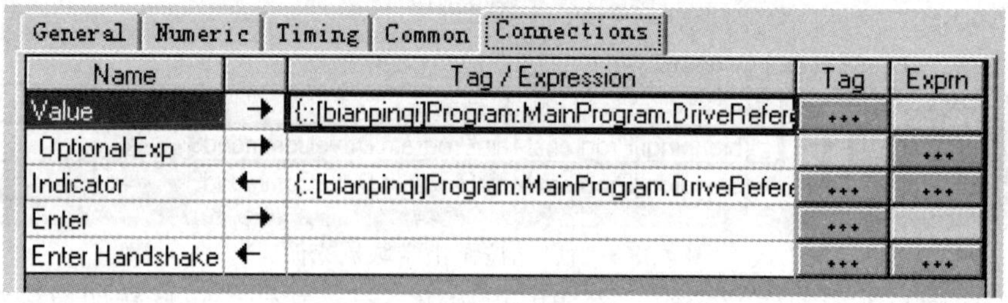

图 4.43　为数字输入指定数据来源

3) 规划进入组态模式和关闭组态工程

控制要求内容添加完毕后，再在画面上添加一个“进入组态模式”按钮和一个“关闭工程”按钮。

(1) 在菜单栏中选择“Objects”→“Advanced”→“Goto Configure Mode”，添加一个“进入组态模式”按钮，如图 4.44 所示。

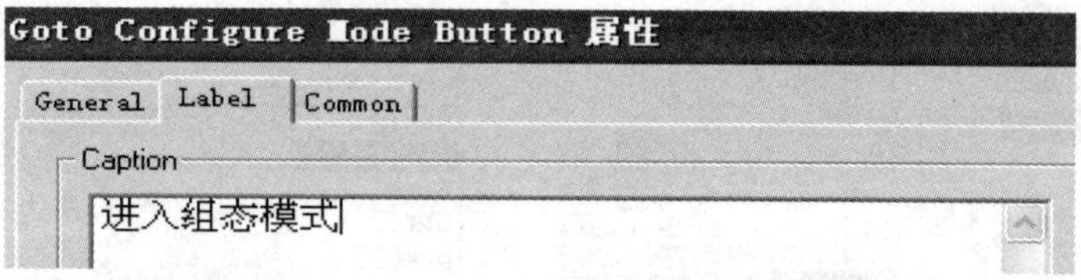

图 4.44　添加一个“进入组态模式”按钮

(2) 在菜单栏中选择“Objects”→“Advanced”→“Shutdown”，添加一个“关闭工程”按钮，如图 4.45 所示。

图 4.45　添加一个“关闭工程”按钮

4) 测试控制画面

在工具栏中选择，测试完成的控制画面，如图 4.46 所示。在测试运行的状态下，单击“启动”按钮，电动机启动，并且能够在画面上监视和控制它的运行频率，另外还能切换正反转和故障显示等。

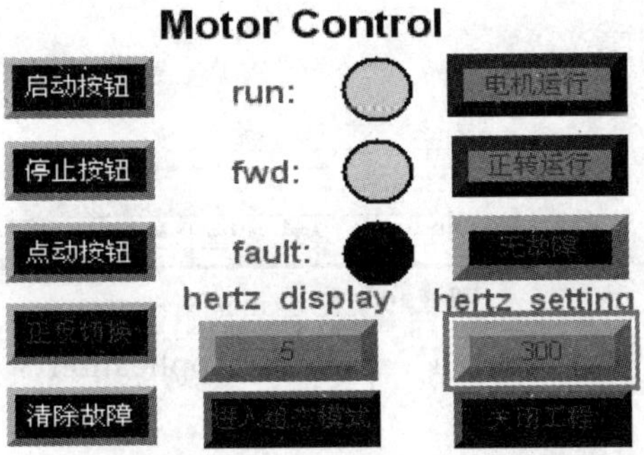

图 4.46　组态控制画面

5) 测试工程

(1) 在项目管理器中双击“Startup”，修改工程的启动项。将工程初始画面设置为画面“aa”，如图 4.47 和图 4.48 所示。

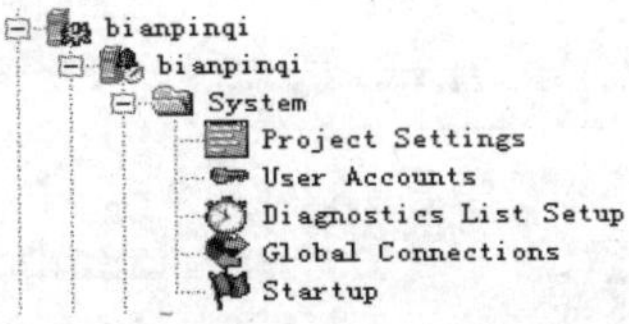

图 4.47　双击“Startup”

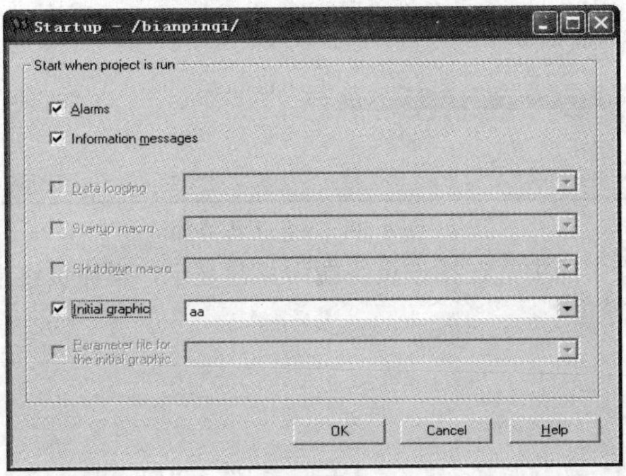

图 4.48　修改工程启动项的画面

(2) 在菜单栏中选择“Application”→“Create Runtime Application”，创建工程运行文件 bianpinqi.mer，如图 4.49 所示。

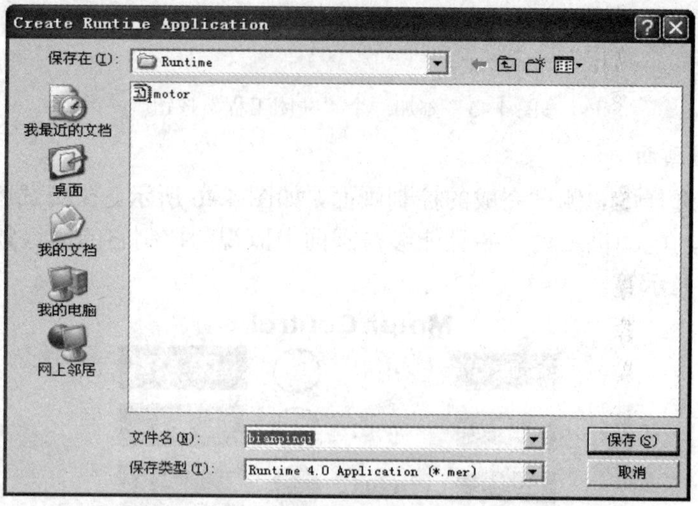

图 4.49　创建.mer 文件

(3) 在菜单栏中选择“Application”→“Test Application”，进入工程测试界面。

6) 下载工程

在菜单栏中选择“Tools”→“Transfer Utility”，选择好下载路径，将步骤“5)测试工程”中生成的 bianpinqi.mer 文件放入操作员终端的存储卡中，如图 4.50 所示。这样，便可以在操作员终端中演示电动机的控制。

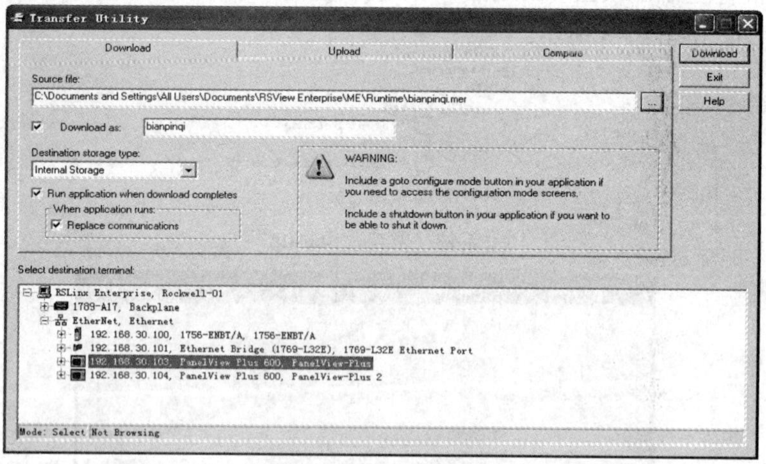

图 4.50　下载工程界面

注意：若想工程中的中文在操作员终端中正常显示，操作员终端中必须有宋体的字体文件 simsum.ttf。

学习情境 5

基于 RSView32 组态软件的控制实训

实训 1　用 RSView32 组态软件实现全自动洗衣机的控制系统设计

1. 控制要求

(1) 按下启动按钮 SB1，进水电磁阀打开，进水指示灯亮(HL1 点亮)。

(2) 进水到达水位上限(按上限按钮)，进水电磁阀关闭(HL1 熄灭)。波轮电动机启动进行搅拌，开始洗涤，按照正转 15 s→停 3 s→反转 15 s→停 3 s 的顺序反复进行 30 次。

(3) 洗涤过程结束，排水电磁阀打开(HL2 点亮)，开始自动排水。

(4) 排水到达水位下限(按下下限按钮)，排水电磁阀关闭(HL2 熄灭)。排水电磁阀关闭 2 s 后，进水电磁阀打开(HL1 点亮)，开始第二次洗涤，并重复步骤(1)～(4)。

(5) 洗涤过程完成 3 次(第 3 次按下限按钮)时，开始甩干(甩干电动机工作)；洗衣机在甩干的同时自动排水。

(6) 甩干与排水过程共同进行 10 s 后，同时结束，排水电磁阀关闭(HL2 熄灭)。蜂鸣器 HA 进行蜂鸣报警(0.5 s 通，0.5 s 断)，提示洗涤过程结束，直到按下停止按钮停止蜂鸣。

2. 解决思路

采用定时器、计数器来控制 30 次的反复洗涤。一次洗涤结束后，用计数器的完成位来控制排水电磁阀自动排水。用控制排水电磁阀的定时器完成位来控制再次洗涤开始。洗涤完成后，计数器完成位得电，开始甩干并排水。用两个定时器的反复得电来控制蜂鸣器报警。按下停止按钮，停止报警。

3. 硬件设计

(1) 全自动洗衣机系统 I/O 分配表如表 5.1 所示。

表 5.1　全自动洗衣机系统 I/O 分配表

输入地址	作　用	输出地址	作　用
I:0.0/1	启动按钮(SB1)	O:0.0/1	进水电磁阀(HL1)
I:0.0/2	停止按钮(SB2)	O:0.0/2	排水电磁阀(HL2)

续表

输入地址	作　用	输出地址	作　用
I:0.0/3	水位上限(SB3)	O:0.0/3	波轮电动机正转(KM1)
I:0.0/4	水位下限(SB4)	O:0.0/4	波轮电动机反转(KM2)
		O:0.0/5	甩干电动机(KM3)
		O:0.0/6	蜂鸣器(HA)

(2) 全自动洗衣机系统 PLC 接线图如图 5.1 所示。

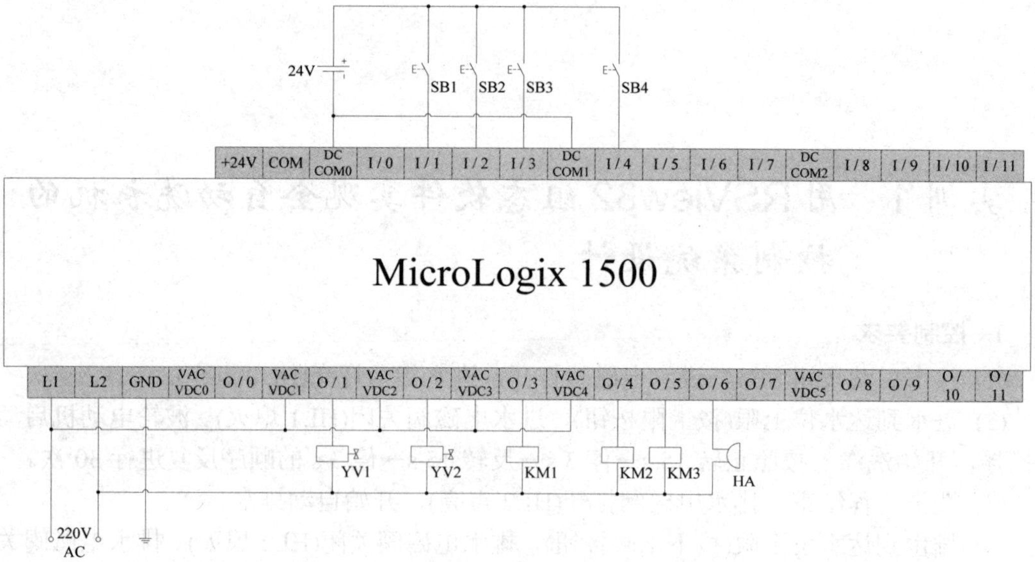

图 5.1　全自动洗衣机系统 PLC 接线图

4. 软件设计

(1) 全自动洗衣机系统地址/符号(Address/Symbol)表如表 5.2 所示。

表 5.2　全自动洗衣机系统地址/符号表

序号	地址	符号	描述
1	I:0.0/1	SB1	启动按钮
2	I:0.0/2	SB2	停止按钮
3	I:0.0/3	SB3	水位上限
4	I:0.0/4	SB4	水位下限
5	O:0.0/1	HL1	进水电磁阀
6	O:0.0/2	HL2	排水电磁阀
7	O:0.0/3	KM1	波轮电动机正转
8	O:0.0/4	KM2	波轮电动机反转
9	O:0.0/5	KM3	甩干电动机
10	O:0.0/6	HA	蜂鸣器

(2) 全自动洗衣机系统程序设计流程图如图 5.2 所示。

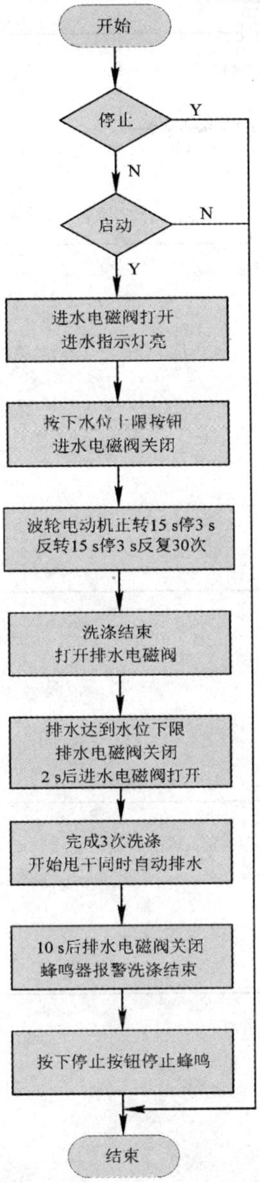

图 5.2　全自动洗衣机系统程序设计流程图

(3) 全自动洗衣机系统梯形图程序如图 5.3 所示。

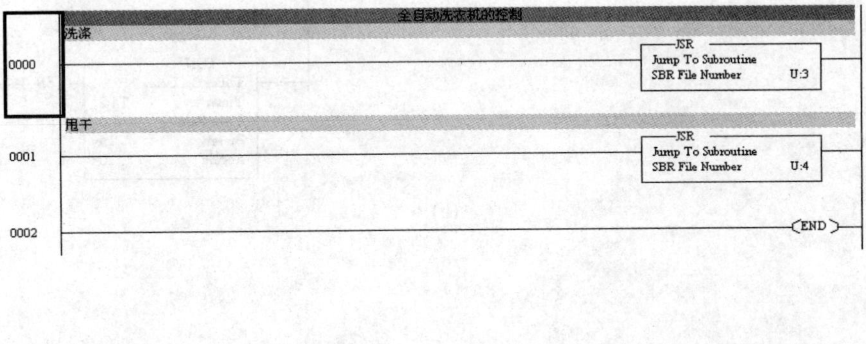

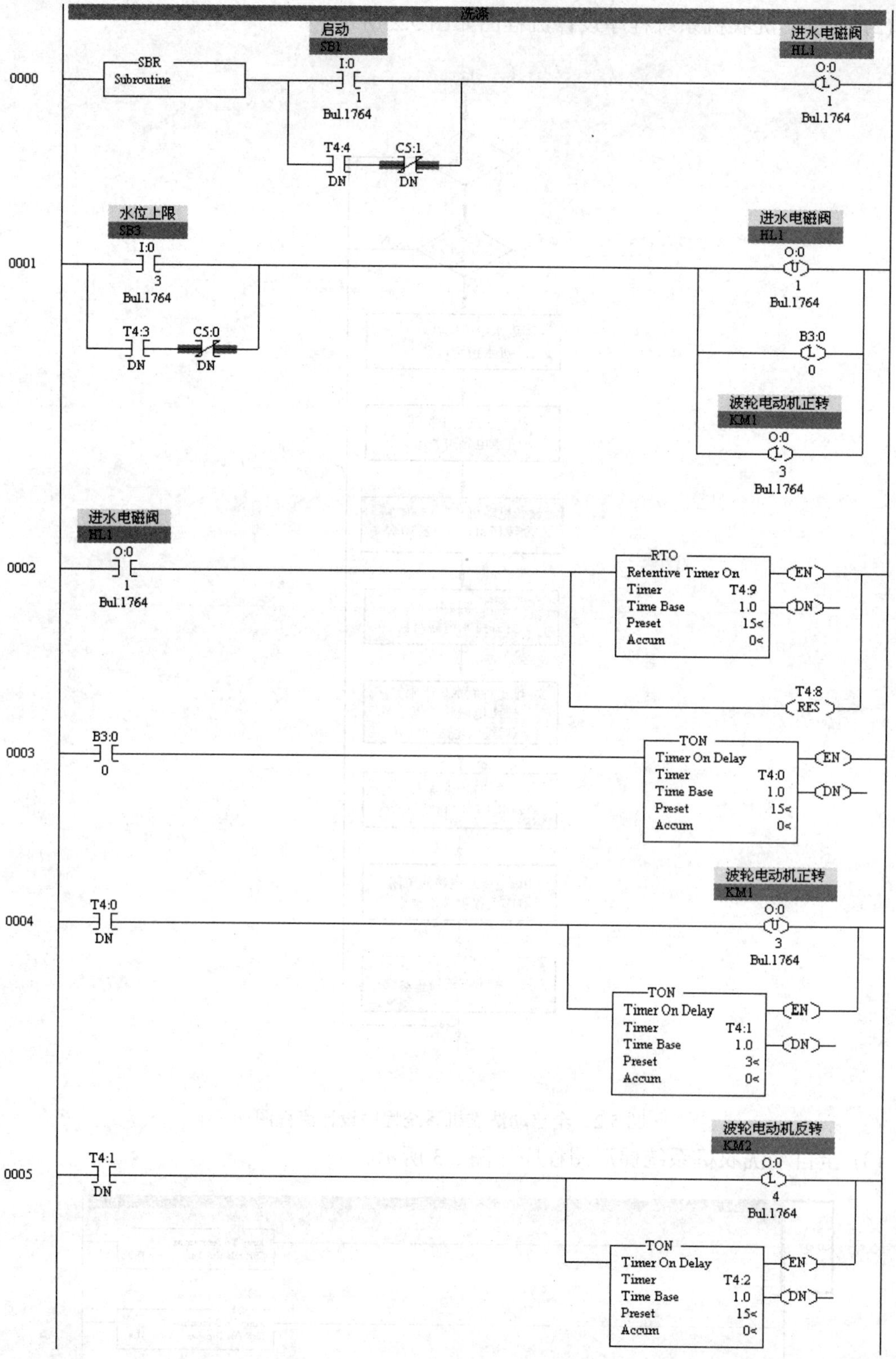

洗涤
0000
SBR
Subroutine
启动
SB1
I:0
1
Bul.1764
T4:4
DN
C5:1
DN
进水电磁阀
HL1
O:0
L
1
Bul.1764
0001
水位上限
SB3
I:0
3
Bul.1764
T4:3
DN
C5:0
DN
进水电磁阀
HL1
O:0
U
1
Bul.1764
B3:0
L
0
波轮电动机正转
KM1
O:0
L
3
Bul.1764
0002
进水电磁阀
HL1
O:0
1
Bul.1764
RTO
Retentive Timer On
Timer T4:9
Time Base 1.0
Preset 15<
Accum 0<
EN
DN
T4:8
RES
0003
B3:0
0
TON
Timer On Delay
Timer T4:0
Time Base 1.0
Preset 15<
Accum 0<
EN
DN
0004
T4:0
DN
波轮电动机正转
KM1
O:0
U
3
Bul.1764
TON
Timer On Delay
Timer T4:1
Time Base 1.0
Preset 3<
Accum 0<
EN
DN
0005
T4:1
DN
波轮电动机反转
KM2
O:0
L
4
Bul.1764
TON
Timer On Delay
Timer T4:2
Time Base 1.0
Preset 15<
Accum 0<
EN
DN

(a)

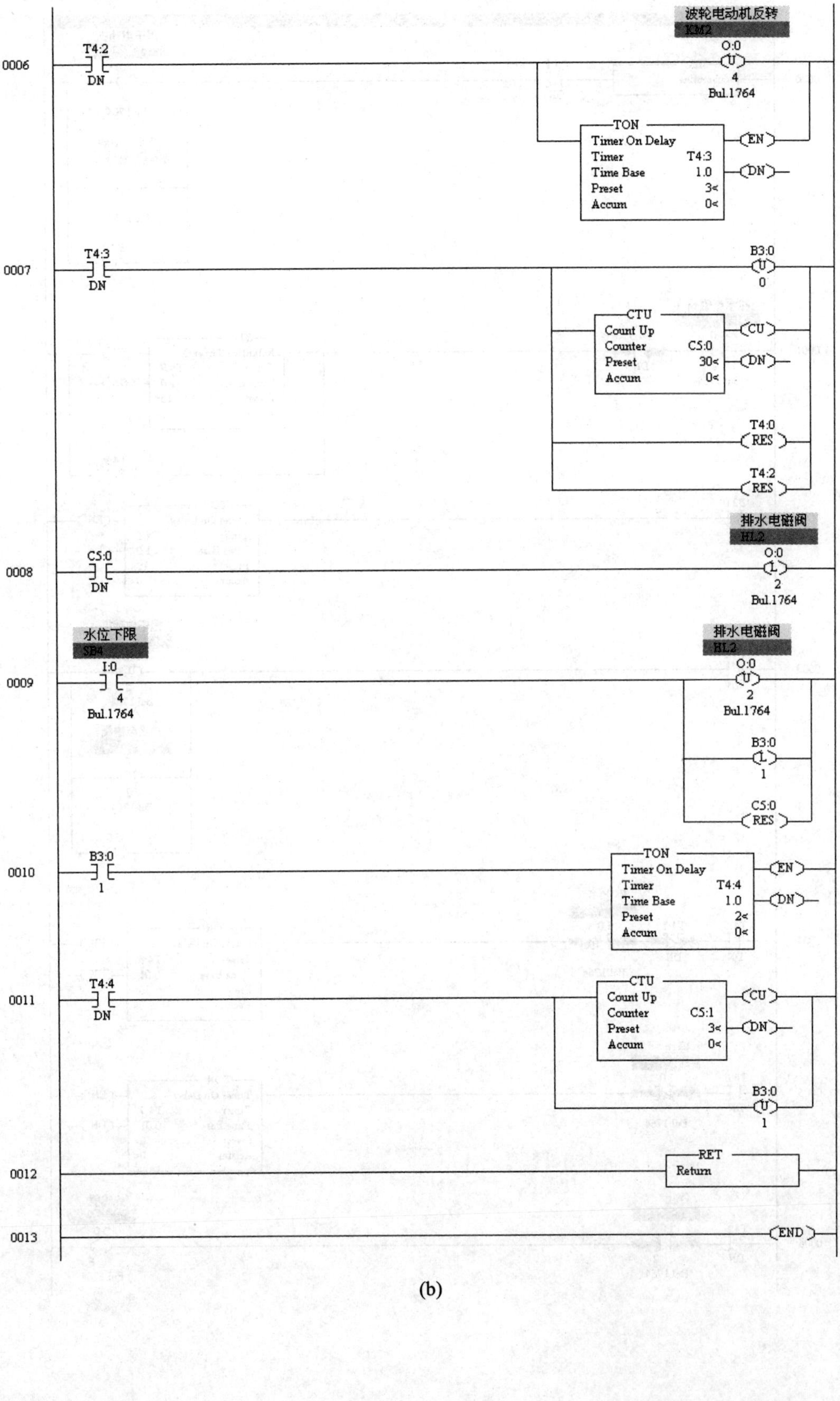
0006
T4:2
DN
波轮电动机反转
KM2
O:0
U
4
Bul.1764
TON
Timer On Delay
Timer T4:3
Time Base 1.0
Preset 3<
Accum 0<
EN
DN
0007
T4:3
DN
B3:0
U
0
CTU
Count Up
Counter C5:0
Preset 30<
Accum 0<
CU
DN
T4:0
RES
T4:2
RES
0008
C5:0
DN
排水电磁阀
HL2
O:0
L
2
Bul.1764
0009
水位下限
SB4
I:0
4
Bul.1764
排水电磁阀
HL2
O:0
U
2
Bul.1764
B3:0
L
1
C5:0
RES
0010
B3:0
1
TON
Timer On Delay
Timer T4:4
Time Base 1.0
Preset 2<
Accum 0<
EN
DN
0011
T4:4
DN
CTU
Count Up
Counter C5:1
Preset 3<
Accum 0<
CU
DN
B3:0
U
1
0012
RET
Return
0013
END

(b)

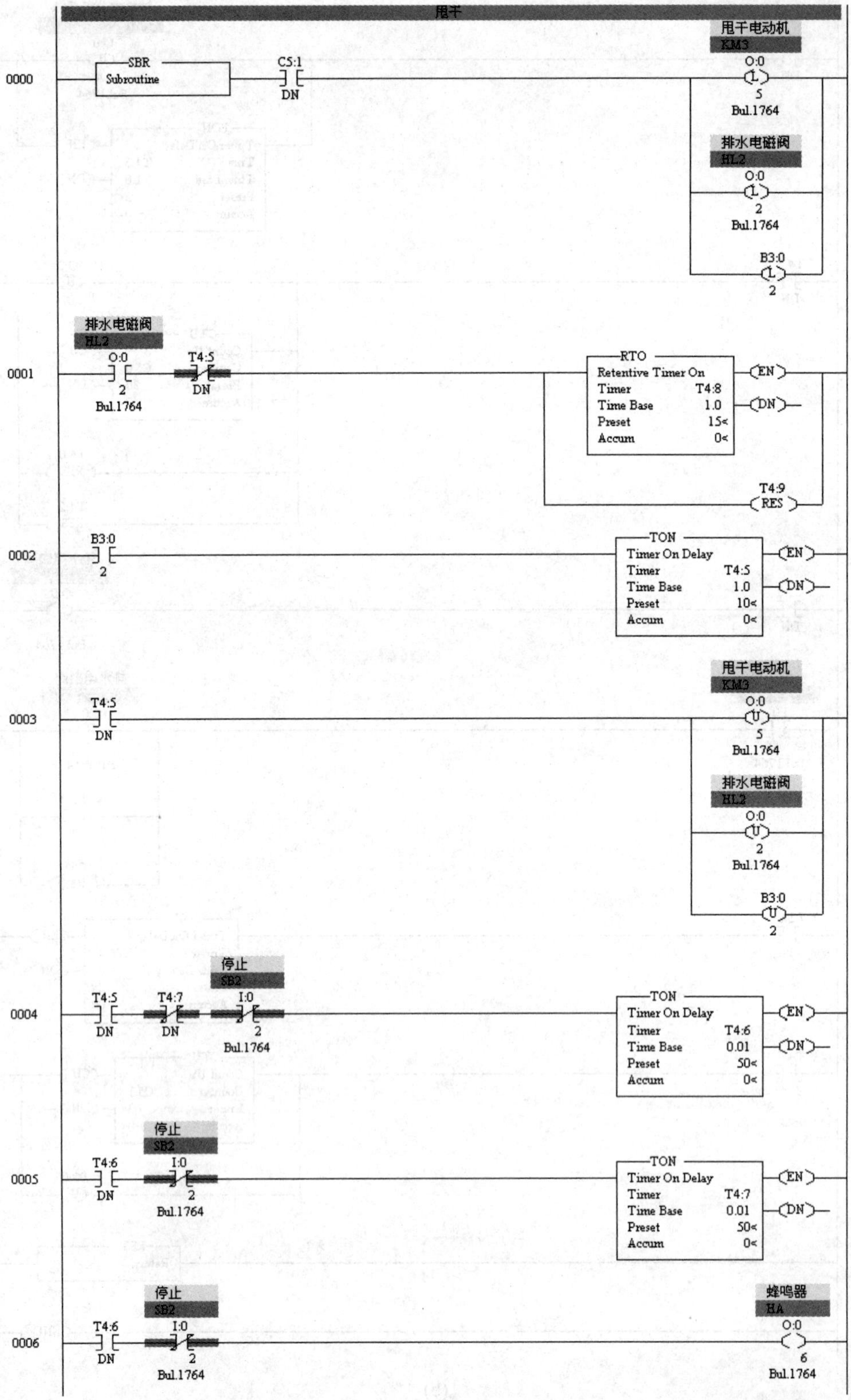
甩干
0000
SBR
Subroutine
C5:1
DN
甩干电动机
KM3
O:0
L
5
Bul.1764
排水电磁阀
HL2
O:0
L
2
Bul.1764
B3:0
L
2
0001
排水电磁阀
HL2
O:0
2
Bul.1764
T4:5
DN
RTO
Retentive Timer On
Timer T4:8
Time Base 1.0
Preset 15<
Accum 0<
EN
DN
T4:9
RES
0002
B3:0
2
TON
Timer On Delay
Timer T4:5
Time Base 1.0
Preset 10<
Accum 0<
EN
DN
0003
T4:5
DN
甩干电动机
KM3
O:0
U
5
Bul.1764
排水电磁阀
HL2
O:0
U
2
Bul.1764
B3:0
U
2
0004
T4:5
DN
T4:7
DN
停止
SB2
I:0
2
Bul.1764
TON
Timer On Delay
Timer T4:6
Time Base 0.01
Preset 50<
Accum 0<
EN
DN
0005
T4:6
DN
停止
SB2
I:0
2
Bul.1764
TON
Timer On Delay
Timer T4:7
Time Base 0.01
Preset 50<
Accum 0<
EN
DN
0006
T4:6
DN
停止
SB2
I:0
2
Bul.1764
蜂鸣器
HA
O:0
6
Bul.1764

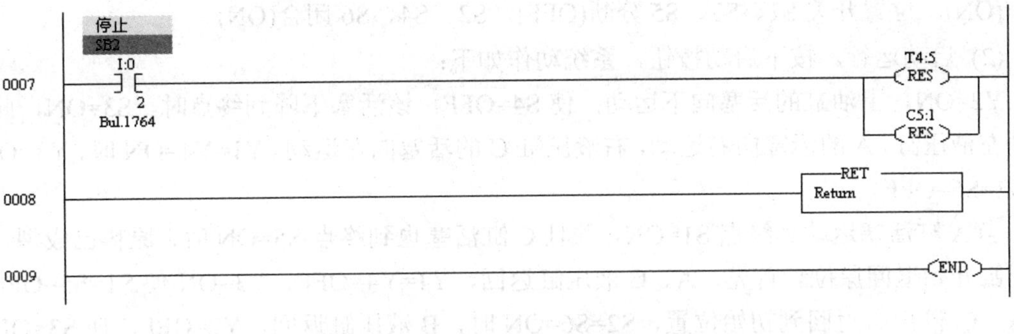

(c)

图 5.3　全自动洗衣机系统梯形图程序

(4) 控制过程分析。

按下启动按钮，进水电磁阀打开。按下水位上限按钮，进水电磁阀关闭，波轮电动机按照正转 15 s 停 3 s 反转 15 s 停 3 s 的顺序，反复洗涤 30 次。洗涤结束后，排水电磁阀打开。按下水位下限按钮，排水电磁阀关闭，2 s 后，再次洗涤。洗涤完成 3 次后，开始甩干并排水。10 s 后，同时结束，蜂鸣器开始报警，按下停止按钮后，停止报警。

(5) 全自动洗衣机系统组态界面如图 5.4 所示。

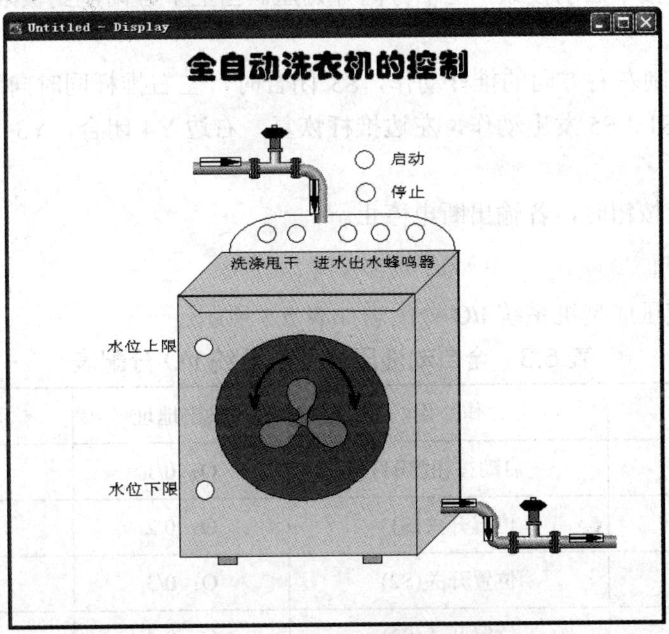

图 5.4　全自动洗衣机系统组态界面

实训 2　用 RSView32 组态软件实现全自动液压成型机系统设计

1. 控制要求

(1) 初始状态：当原料放入成型机时，各油缸的状态为 Y1、Y2、Y4 关闭(OFF)，Y3

工作(ON)。位置开关 S1、S3、S5 分断(OFF)，S2、S4、S6 闭合(ON)。

(2) 启动运行。按下启动按钮，系统动作如下：

Y2=ON，上油缸的活塞向下运动，使 S4=OFF。该活塞下降到终点时，S3=ON，此时启动左液压缸，A 的活塞向右运动，右液压缸 C 的活塞向左运动。Y1=Y4=ON 时，Y3=OFF, 使 S2=S6=OFF。

当 A 缸活塞运动到终点 S1=ON，并且 C 缸活塞也到终点 S5=ON 时，原料已成型，各液压缸开始退回原位。首先，A、C 液压缸返回，Y1=Y4=OFF，Y3=ON 使 S1=S5=OFF；当 A、C 液压缸返回到初始位置，S2=S6=ON 时，B 液压缸返回，Y2=OFF，使 S3=OFF。

当液压缸返回初始状态，S4=ON 时，系统回到初始状态取出成品，放入原料后，按停止键复位。

(3) 再次按动启动按键，重新启动，开始下一工件的加工。

2. 解决思路

(1) S1～S6 为传感器开关，程序中用置位按钮模拟。按钮按下表示传感器动作，按钮抬起，表示传感器断开。

(2) 开始时，按下启动按钮，上下方向开始压。当上下方向压到极限时，传感器 S3 发出动作。

(3) 用 S3 控制左右方向的推杆动作，S3 闭合时，左右推杆同时向内压，当推杆推到尽头时，传感器 S1、S5 发出动作，左边推杆恢复，右边 Y4 闭合，Y3 开始工作，使推杆反向推回。

(4) 按下停止按钮时，各输出断电停止。

3. 硬件设计

(1) 全自动液压成型机系统 I/O 分配表如表 5.3 所示。

表 5.3　全自动液压成型机系统 I/O 分配表

输入地址	作　用	输出地址	作　用
I：0/0	启动按钮(SB1)	O：0/1	电磁阀(Y1)
I：0/1	位置开关(S1)	O：0/2	电磁阀(Y2)
I：0/2	位置开关(S2)	O：0/3	电磁阀(Y3)
I：0/3	位置开关(S3)	O：0/4	电磁阀(Y4)
I：0/4	位置开关(S4)		
I：0/5	位置开关(S5)		
I：0/6	位置开关(S6)		
I：0/7	停止按钮(SB2)		

(2)　全自动液压成型机系统 PLC 接线图如图 5.5 所示。

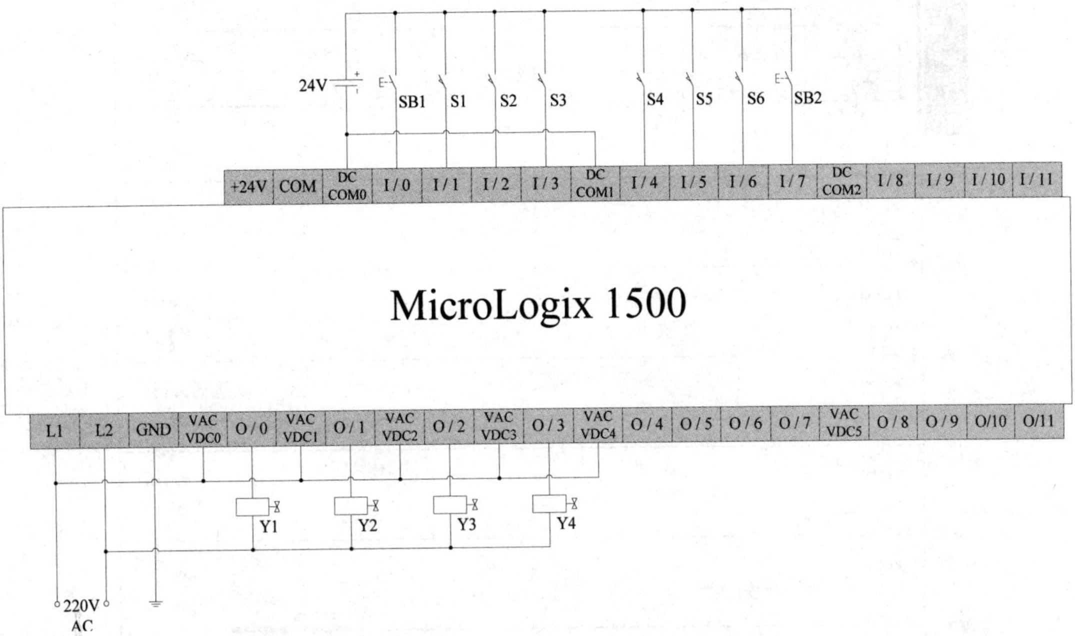

图 5.5　全自动液压成型机系统 PLC 接线图

4．软件设计

(1) 全自动液压成型机系统地址/符号表如表 5.4 所示。

(2) 全自动液压成型机系统程序设计流程图如图 5.6 所示。

表 5.4　全自动液压成型机系统地址/符号表

序号	地址	符号	描述
1	I：0.0/0	SB1	启动按钮
2	I：0.0/1	S1	位置开关
3	I：0.0/2	S2	位置开关
4	I：0.0/3	S3	位置开关
5	I：0.0/4	S4	位置开关
6	I：0.0/5	S5	位置开关
7	I：0.0/6	S6	位置开关
8	I：0.0/7	SB2	停止按钮
9	O：0.0/1	Y1	电磁阀
10	O：0.0/2	Y2	电磁阀
11	O：0.0/3	Y3	电磁阀
12	O：0.0/4	Y4	电磁阀

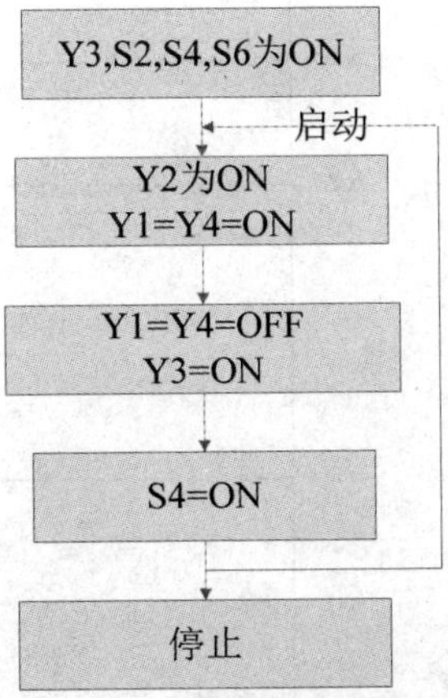

图 5.6　全自动液压成型机系统程序设计流程图

(3) 全自动液压成型机系统梯形图程序如图 5.7 所示。

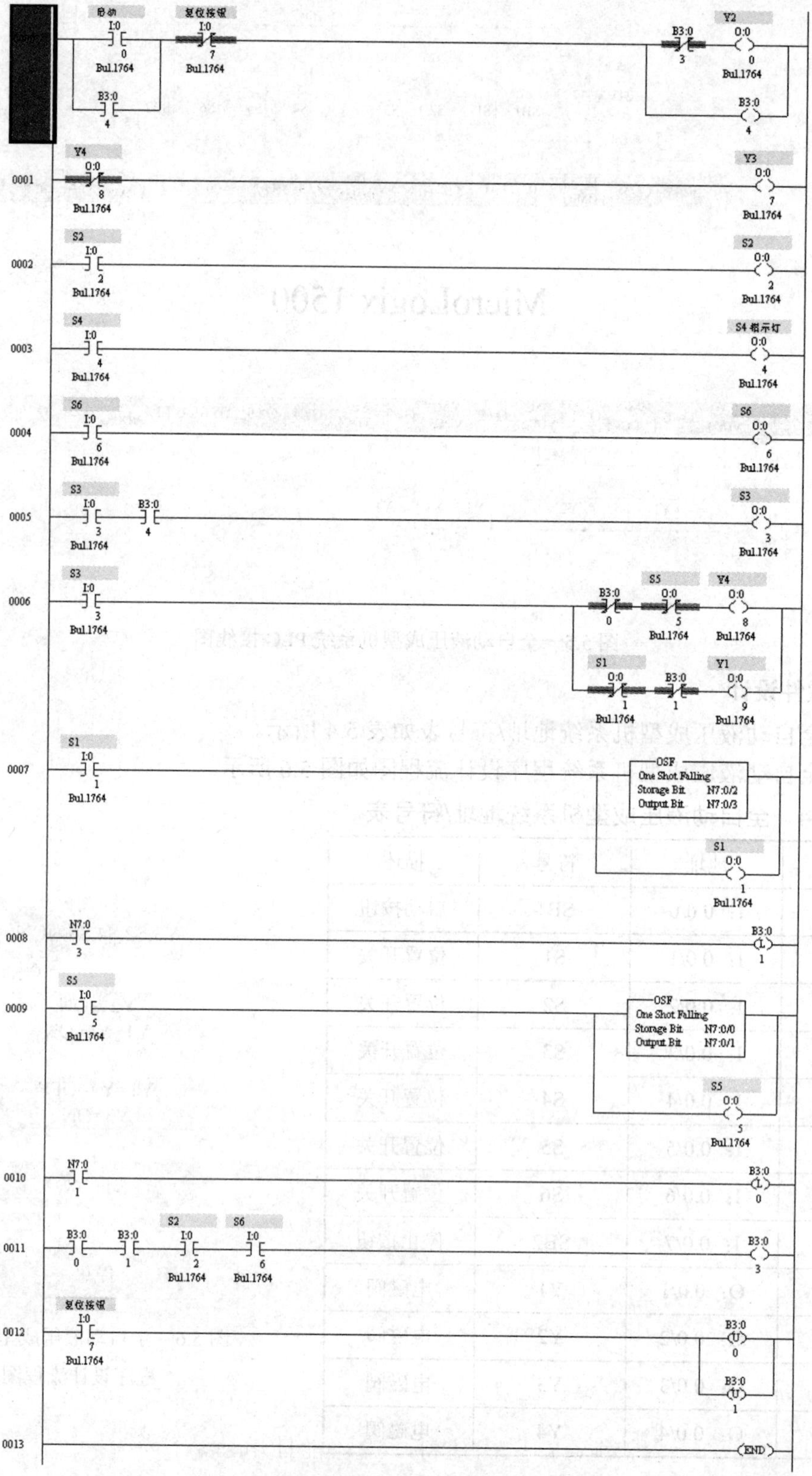

图 5.7　全自动液压成型机系统梯形图程序

(4) 控制过程分析。

过程分析：开始时，由于用置位按钮控制传感器 S1～S6，初始时，S2、S4、S6 闭合。Y3 得电(Y3 和 Y4 两个线圈互锁)。按下开始按钮，Y2 得电，推杆开始向下压，S4 闭合。当向下推杆压到底时，S3 发生动作，S3 控制左右水泵 Y1、Y4，左右推杆开始向里压。此时，S2、S6 断开。当左右推杆压到底时，即液压成型时，S1、S5 闭合。同时，S1、S5 控制左右推杆回到初始位置。按下停止按钮后，Y2 断开，上下方向推杆回到初始位置。程序可以重新启动。

(5) 全自动液压成型机系统组态界面如图 5.8 所示。

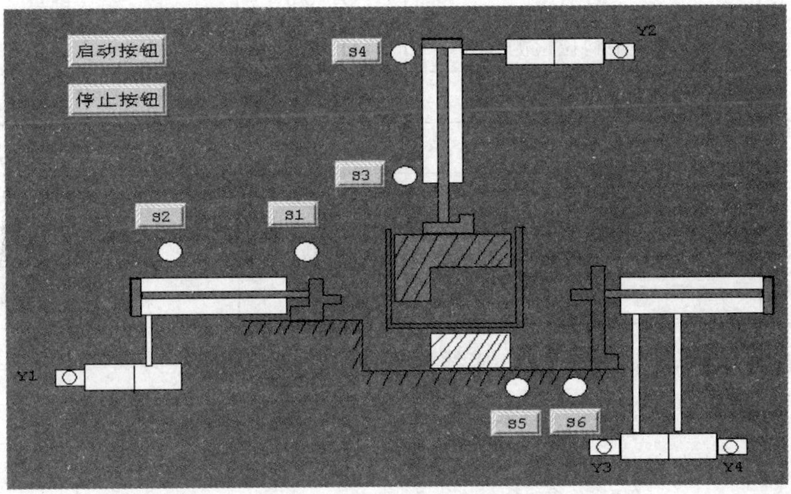

图 5.8　全自动液压成型机系统组态界面

实训 3　用 RSView32 组态软件实现自动送料装车控制系统设计

1. 控制要求

(1) 初始状态：红灯 L1 灭，绿灯 L2 亮，表示允许汽车进来装料，料斗 K2 以及电动机 M1、M2、M3 皆为 OFF。

(2) 装料：当汽车到来时(用 S2 开关接通表示)，红灯 L1 亮，绿灯 L2 灭，电动机 M3 运行，电动机 M2 在 M3 接通 2 s 后运行，电动机 M1 在 M2 运行 2 s 后也接通运行，延时 2 s 后，料斗 K2 打开出料。当汽车装满料后(用 S2 开关断开表示)，料斗 K2 关闭，然后电动机 M1 运行 2 s 后停止，M1 停止 2 s 后 M2 停止，M2 停止 2 s 后 M3 停止，红灯 L1 灭，绿灯 L2 亮，表示汽车可以开走。

(3) 料斗控制：S1 是料斗中料位的检测开关，其闭合表示料满，K2 可以打开出料；S1 断开时，表示料斗内未满，K1 打开进料，K2 不能打开出料。

2. 解决思路

利用时间继电器控制电动机的顺序启动，同理也可以控制电动机的逆序停止。利用电动机线圈互锁原理来控制红灯和绿灯。

3. 硬件设计

(1) 自动送料装车控制系统 I/O 分配表如表 5.5 所示。

表 5.5　自动送料装车控制系统 I/O 分配表

输入地址	作　用	输出地址	作　用
I:0/0	启动	O：0/0	红灯
I:0/1	S1 料斗中料位检测开关	O：0/1	绿灯
I:0/2	S2 汽车位置检测开关	O：0/2	传送带控制电动机 M3
		O：0/3	传送带控制电动机 M2
		O：0/4	传送带控制电动机 M1
		O：0/5	料斗开关 K2
		O：0/6	料斗进料电磁阀 K1

(2) 自动送料装车控制系统 PLC 接线原理图如图 5.9 所示。

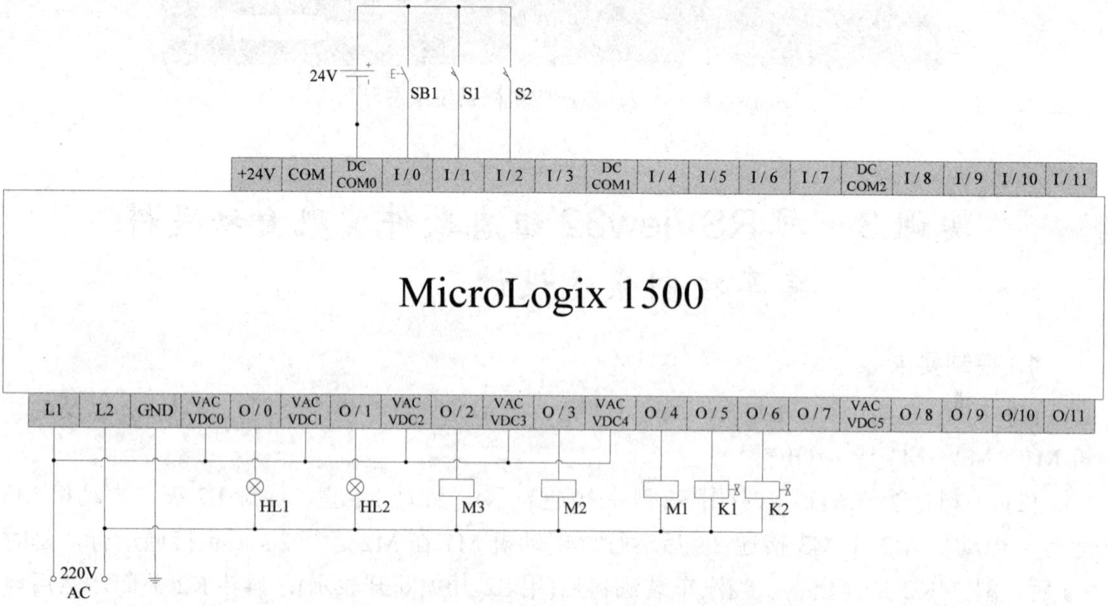

图 5.9　自动送料装车控制系统 PLC 接线图

4. 软件设计

(1)　自动送料装车控制系统地址/符号表如表 5.6 所示。

表 5.6　自动送料装车控制系统地址/符号表

序号	地址	符号	描述
1	I：0.0/0	START	启动
2	I：0.0/1	S1	料位检测
3	I：0.0/1	S2	汽车位置检测开关
4	O：0.0/0	HL1	红灯
5	O：0.0/1	HL2	绿灯
6	O：0.0/2	M3	电动机 3
7	O：0.0/3	M2	电动机 2
8	O：0.0/4	M1	电动机 1
9	O：0.0/5	K1	料斗
10	O：0.0/6	K2	进料

(2) 自动送料装车控制系统程序设计流程图如图 5.10 所示。

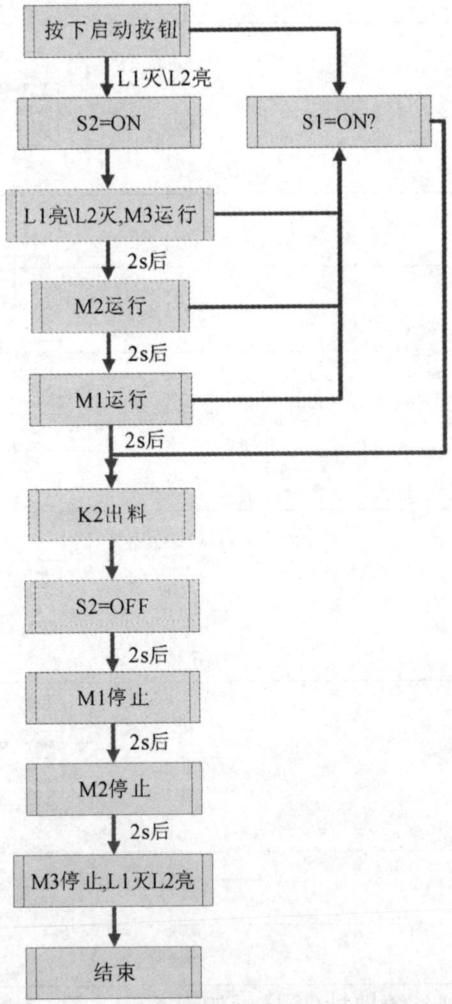

图 5.10　自动送料装车控制系统程序流程图

(3) 自动送料装车控制系统梯形图程序如图 5.11 所示。

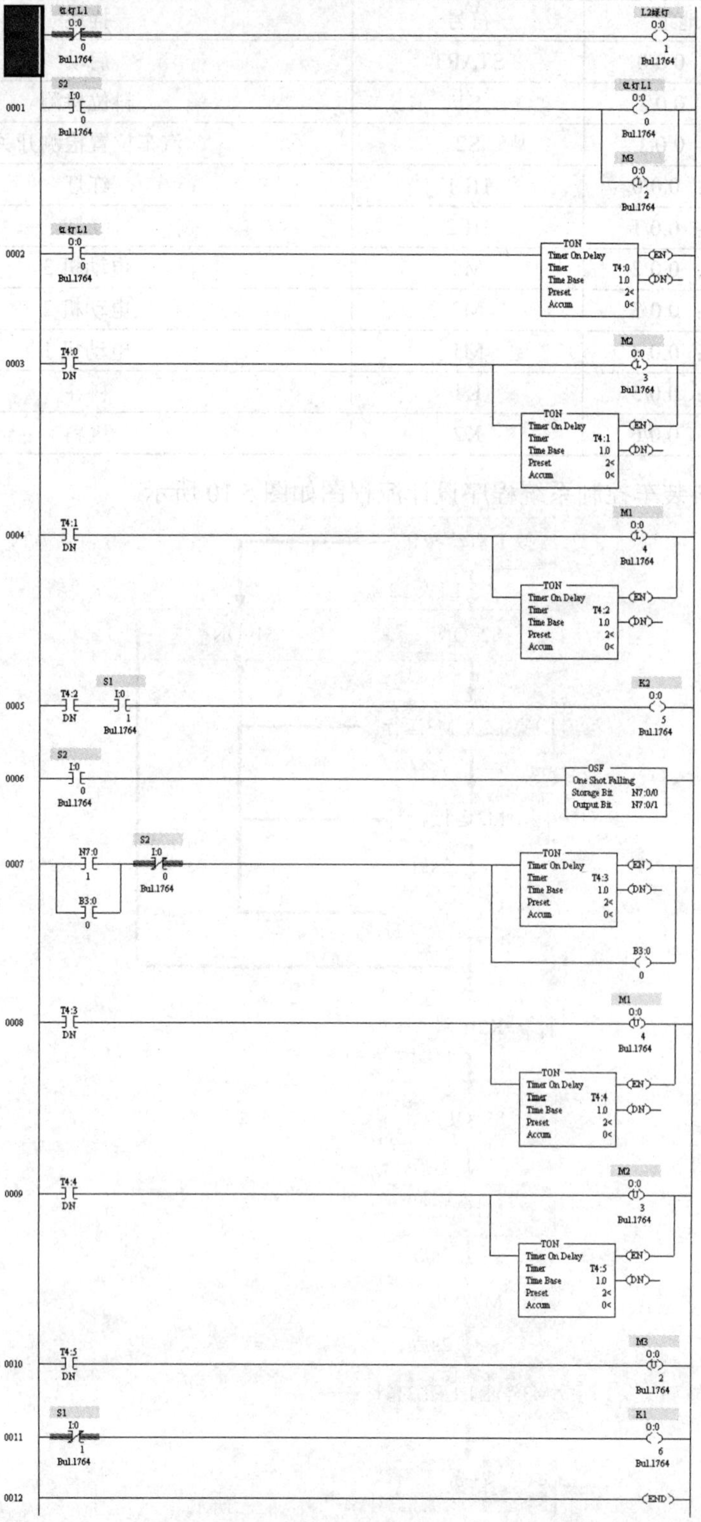

图 5.11　自动送料装车控制系统梯形图程序

(4) 控制过程分析。

按下启动按钮后，红灯 L1 灭，绿灯 L2 亮，表示允许汽车进来装料。S1 OFF 表示时刻检测料斗是否装满。装满后，S1 ON 表示料斗已装满。

当 S2 ON 时，表示有汽车来了，红灯 L1 亮，绿灯 L2 灭，电动机 1 开始运行，2 s 后电动机 2 开始运行，再 2 s 后电动机 3 开始运行，2 s 后料斗开关 K2 打开(这时 S1 ON)，开始给汽车装料。

当 S2 OFF 时，表示汽车走了，红灯 L1 灭，绿灯 L2 亮，料斗开关 K2 关闭，2 s 后电动机 3 停止，再 2 s 后电动机 2 停止，再 2 s 后电动机 1 停止。

(5) 自动送料装车控制系统组态界面如图 5.12 所示。

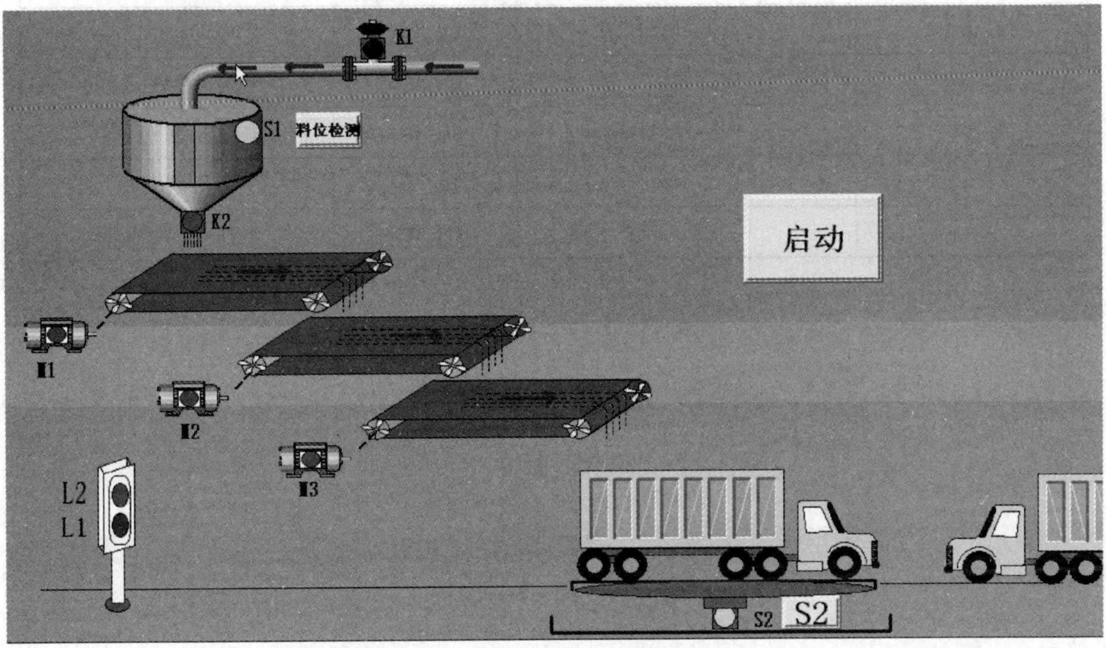

图 5.12　自动送料装车控制系统组态界面

实训 4　用 RSView32 组态软件实现自动控制轧钢系统设计

1. 控制要求

按下启动开关，电动机 M1、M2 运行，C1 给出向下的轧压量。用开关 S3 模拟传感器，当传送带上面有钢板时，S3 为 ON，则电动机 M3 正转，钢板轧过后，S3 的信号消失(为 OFF)，传送带上面检测钢板是否到位的传感器 S4 有信号(为 ON)，表示钢板到位，电磁阀 Y1 发生动作，电动机 M3 反转，将钢板推回，Y1 将给出较 Y0 更大的轧压量，S4 信号消失，S3 有信号，电动机 M3 正转。当 S4 的信号消失时，仍重复上述动作，完成 3 次轧压。第 3 次轧压完成后，S3 有信号，则停机。程序可以重新启动。

2. 解决思路

启动以后，M1 和 M2 电动机运行，并用按钮模拟传感器的通断实现对 M3 电动机的正反转控制。并运用计数器实现控制过程的往复。

3. 硬件设计

(1) 自动控制轧钢系统 I/O 分配表如表 5.7 所示。

表 5.7　自动控制轧钢系统 I/O 分配表

输入地址	作　用	输出地址	作　用
I：0/0	启动按钮(SB1)	O：0/0	电动机(M1)
I：0/1	停止按钮(SB2)	O：0/1	电动机(M2)
I：0/2	传感器(S3)	O：0/2	电动机(M3 正转)
I：0/3	传感器(S4)	O：0/3	电动机(M3 反转)
		O：0/4	电磁阀(Y1)
		O：0/5	轧压量显示(C1)

(2) 自动控制轧钢系统 PLC 接线图如图 5.13 所示。

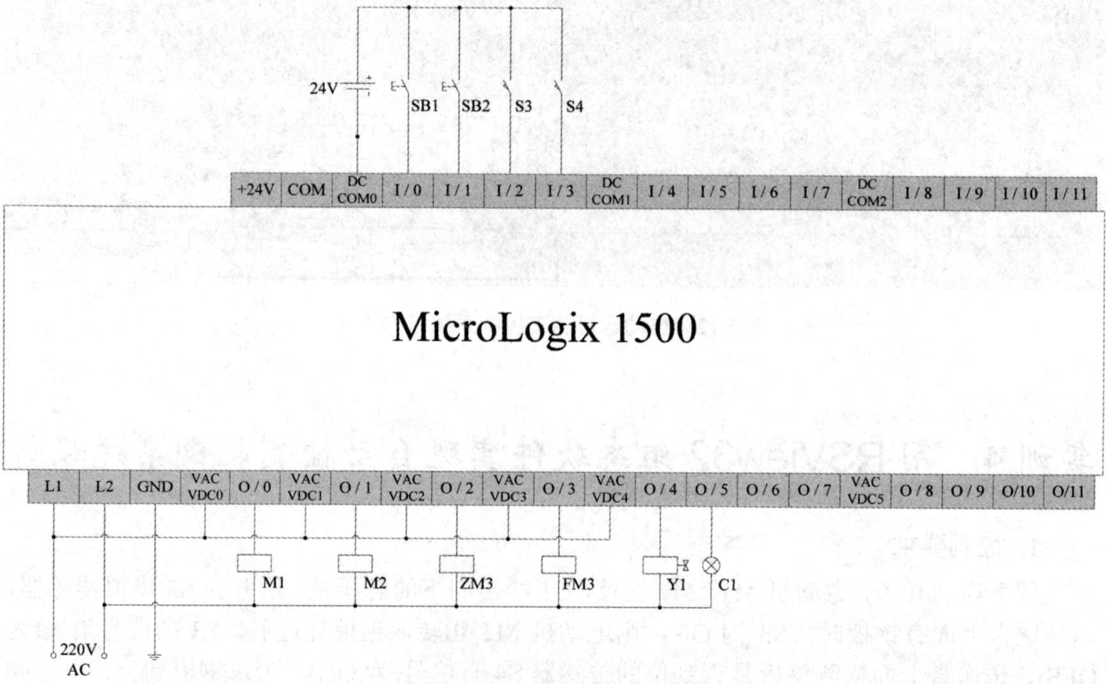

图 5.13　自动控制轧钢系统 PLC 接线图

4. 软件设计

(1) 自动控制轧钢系统地址/符号表如表 5.8 所示。

表 5.8　自动控制轧钢系统地址/符号表

序号	地址	符号	描述
1	I：0/0	SB1	启动按钮
2	I：0/1	SB2	停止按钮
3	I：0/2	S3	传感器 3
4	I：0/3	S4	传感器 4
5	O：0/0	M1	M1 电动机
6	O：0/1	M1	M2 电动机
7	O：0/2	ZM3	M3 电动机(正转)
8	O：0/3	FM3	M3 电动机(反转)
9	O：0/4	Y1	电磁阀
10	O：0/5	C1	轧压量显示

(2) 自动控制轧钢系统程序设计流程图如图 5.14 所示。

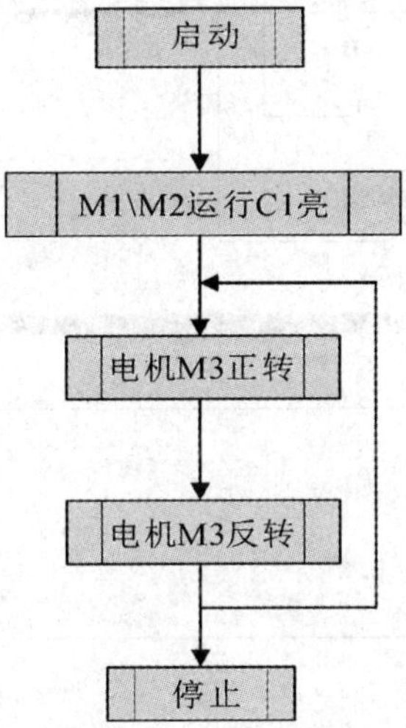

图 5.14　自动控制轧钢系统程序设计流程图

(3) 自动控制轧钢系统梯形图程序如图 5.15 所示。

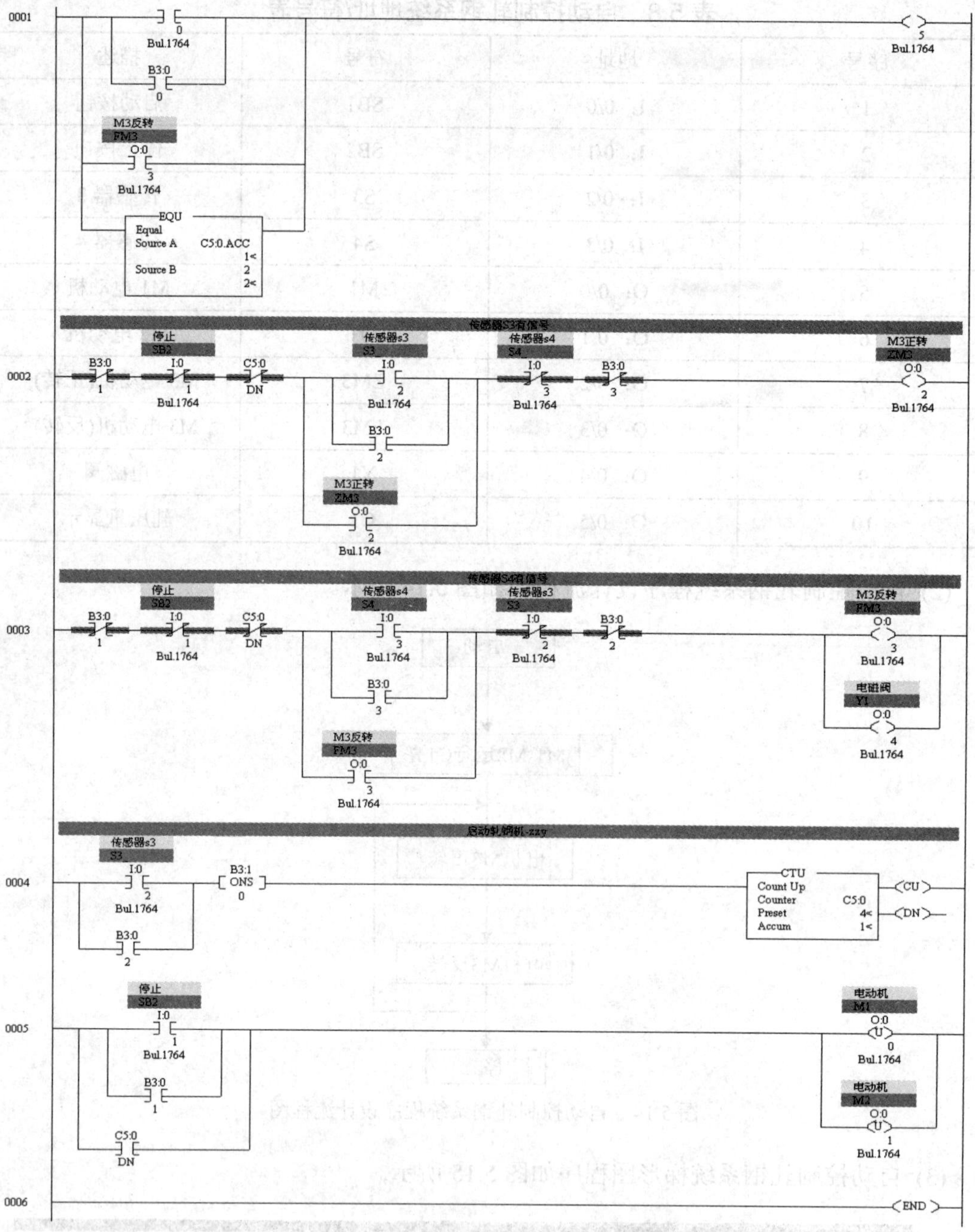

图 5.15　自动控制轧钢系统梯形图程序

(4) 控制过程分析。

启动 SB1，I：0/0 置位，O：0/0、O：0/1 置位，M1、M2 工作，并使 2 梯级 0001 导通 O：0/5 置位，C1 轧压量显示。当按下 S3，I:0/2 置位，O：0/2 置位，M3 正转。当按下 S4，I：0/3 置位，同时梯级 0002 断，M3 正转停，M3 开始反转，并由计数器 C5：0 控制进行 3 次压轧。当按下 SB2，I：0/1 置位，梯级 0005 导通，O：0/0、O：0/1 复位解锁，即 M1、M2 停止工作。

(5) 自动控制轧钢系统组态界面如图 5.16 所示。

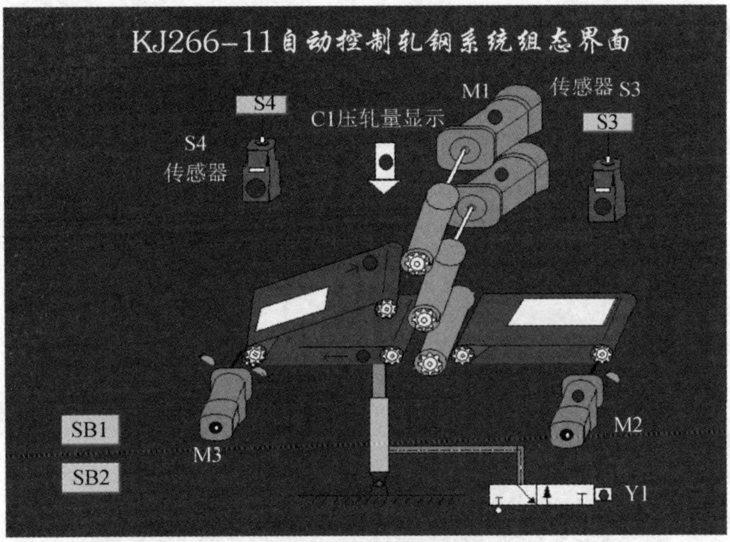

图 5.16 自动控制轧钢系统组态界面

实训 5 用 RSView32 组态软件实现水塔水位自动控制系统设计

1. 实训要求

水塔水位控制的要求：

① 当水池液面低于下限水位(S4 表示为 ON)，电磁阀 Y 打开注水，S4 为 OFF，表示水位高于下限水位。② 当水池液面高于上限水位(S3 表示为 ON)，电磁阀 Y 关闭。③ 当水塔水位低于下限水位(S2 表示为 ON)，水泵 M 工作，向水塔供水，S2 为 OFF，表示水位高于下限水位。④ 当水塔液面高于上限水位(S1 表示为 ON)，水泵 M 停。⑤ 当水塔水位低于下限水位，同时水池水位也低于下限水位时，水泵 M 不启动。

2. I/O 分配表

水塔水位自动控制系统 I/O 分配表如表 5.9 所示。

表 5.9 水塔水位自动控制系统 I/O 分配表

I/O 端口	说 明	I/O 端口	说 明
I: 0/0	水塔上限位	O: 0/0	电磁阀 Y
I: 0/1	水塔下限位	O: 0/1	水泵 M
I: 0/2	水池上限位		
I: 0/3	水池下限位		

3. 上位机监控界面

监控参考界面如图 5.17 所示。

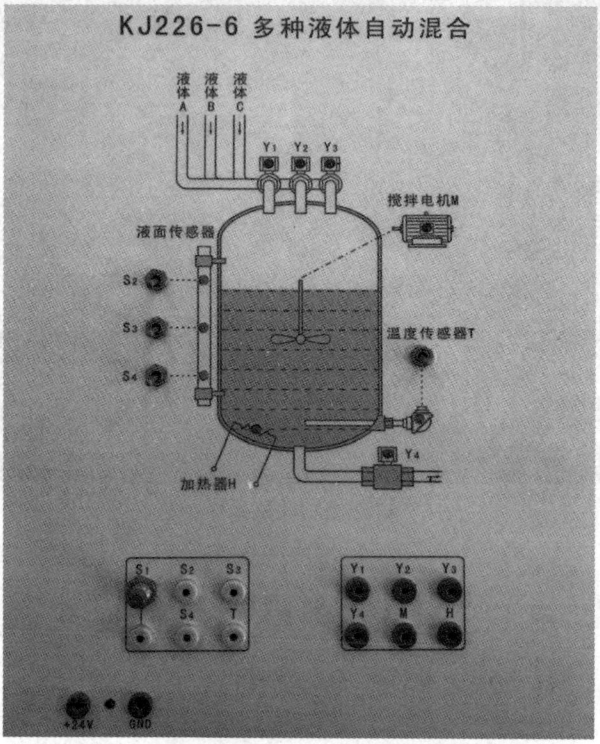

图 5.17　水塔水位自动控制的上位机监控界面

4. 实训步骤

(1) 将电源开关拨到关闭状态，按照表 5.9 中的 I/O 分配表自行设计 PLC 接线图，并按图接线，注意：24 V 电源的正负不要短接，电路不要短路，否则会损坏 PLC 触点。

(2) 先将 PLC 的电源线插进 PLC 正面的电源孔中，再将另一端插到 220 V 电源插板中。

(3) 将电源置于开启状态，PLC 置于 STOP 状态，用计算机或编程器将总程序输入 PLC，输入好程序后将 PLC 置于 RUN 状态。

(4) 按下列步骤进行实训操作：

① 拨上 S4，Y 亮，再拨下 S4。

② 拨上 S3，Y 灭。

③ 拨上 S2，M 亮，再拨下 S3。

④ 拨上 S1，M 灭。

⑤ 参考图 5.17 选用一种上位机组态软件完成上位机监控界面设计。

⑥ 按照实训原理工作方式操作，观察实训现象。

5. 思考题

思考如何设计编辑实现以下功能：

当水池水位低于下限水位(S4 表示为 ON)，电磁阀 Y 应打开注水，若 3 s 内开关 S4 仍未由闭合转为分断，表明电磁阀 Y 未打开，出现故障，则指示灯 Y 闪烁报警。

实训 6　用 RSView32 组态软件实现多种液体自动混合系统设计

1. 实训要求

多种液体自动混合控制要求：

初始状态，容器为空，电磁阀 Y1、Y2、Y3、Y4 和搅拌机 M 为关断，液面传感器 L1、L2、L3 均为 OFF。

按下启动按钮，电磁阀 Y1、Y2 打开，注入液体 A 与 B，当液面高度为 L2 时(此时 L2 和 L3 均为 ON)，停止注入(Y1、Y2 为 OFF)。同时开启液体 C 的电磁阀 Y3(Y3 为 ON)，注入液体 C，当液面升至 L1 时(L1 为 ON)，停止注入(Y3 为 OFF)。开启搅拌机 M，搅拌时间为 3 s。之后电磁阀 Y4 开启，排出液体，当液面高度降至 L3 时(L3 为 OFF)，再延时 5 s，Y4 关闭。按启动按钮可以重新开始工作。

2. I/O 分配表

多种液体自动混合系统 I/O 分配表如表 5.10 所示。

3. 上位机监控界面

多种液体自动混合的上位机监控参考界面如图 5.18 所示。

表 5.10　多种液体自动混合系统 I/O 分配表

I/O 端口	说　明	I/O 口	说　明
I: 0/0	L1	O: 0/0	电磁阀 1
I: 0/1	L2	O: 0/1	电磁阀 2
I: 0/2	L3	O: 0/2	电磁阀 3
I: 0/3	T	O: 0/3	电磁阀 4
		O: 0/4	搅拌机 M
		O: 0/5	电炉 H

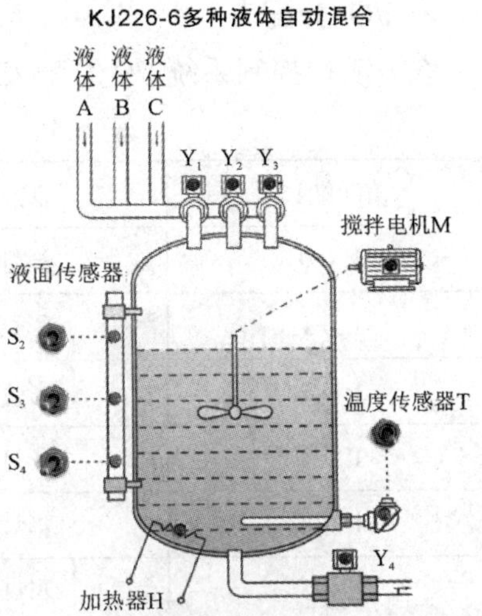

图 5.18　多种液体自动混合的上位机监控参考界面

4. 实训步骤

(1) 将电源开关拨到关闭状态，按表 5.10 中的 I/O 分配表自行设计 PLC 接线图，并按图接线，注意：24 V 电源的正负不要短接，电路不要短路，否则会损坏 PLC 触点。

(2) 先将 PLC 的电源线插进 PLC 正面的电源孔中，再将另一端插到 220V 电源插板中。

(3) 将电源置于开启状态，PLC 置于 STOP 状态，用计算机或编程器将总程序输入 PLC，输入好程序后将 PLC 置于 RUN 状态。

(4) 按下列步骤进行实训操作：

① 上下拨动启动开关 X0，Y1、Y2 灯亮。

② 拨上 L3、L2，Y1、Y2 灭，Y3 亮。

③ 拨上 L1，Y3 灭，M 亮 5 s 后 Y4 亮。

④ 依次断开 L1、L2、L3，延时 5 s 后，Y4 灭。

⑤ 参考图 5.18 选用一种上位机组态软件完成上位机监控界面设计。

⑥ 按照实训原理工作方式操作，观察实训现象。

5. 思考题

上述液体混合，如何增加温度控制功能？

实训 7　用 RSView32 组态软件实现东方明珠控制系统设计

1. 实训要求

东方明珠是利用彩灯对铁塔进行装饰，从而达到烘托铁塔的效果。针对不同的场合对彩灯的运行方式也有不同的要求，对于要求彩灯有多种不同运行方式的情况下，采用 PLC 中的一些特殊指令来进行控制就显得尤为方便。

东方明珠的控制要求：PLC 运行后，灯光自动开始显示，有时每次只亮一盏灯，顺序从上向下，或是从下向上；有时由底层从下向上全部点亮，然后又从上向下熄灭。运行方式多样，可自行设计。

2. I/O 分配表

东方明珠控制系统 I/O 分配表如表 5.11 所示。

表 5.11　东方明珠控制系统 I/O 分配表

I/O 端口	说　明	I/O 端口	说　明
I: 0/0	彩灯 L1	O: 0/0	七段数码管 A
I: 0/1	彩灯 L2	O: 0/1	七段数码管 B
I: 0/2	彩灯 L3	O: 0/2	七段数码管 C
I: 0/3	彩灯 L4	O: 0/3	七段数码管 D
I: 0/4	彩灯 L5	O: 0/4	七段数码管 E
I: 0/5	彩灯 L6	O: 0/5	七段数码管 F
I: 0/6	彩灯 L7	O: 0/6	七段数码管 G
I: 0/7	彩灯 L8		
I: 0/8	彩灯 L9		

3. 上位机监控界面

东方明珠的上位机监控参考界面如图 5.19 所示。

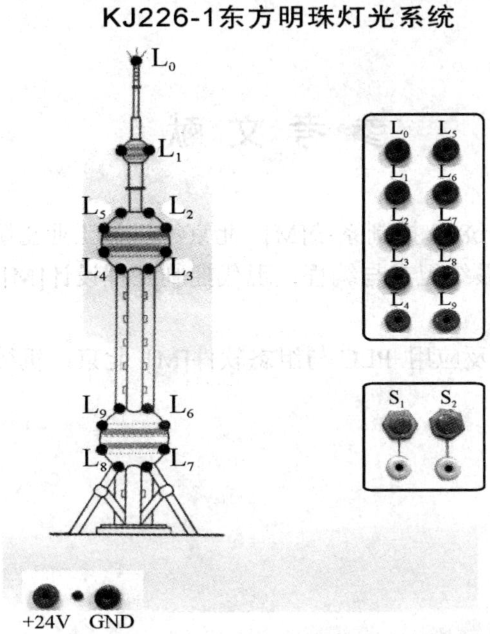

图 5.19　东方明珠的上位机监控参考界面

4. 实训步骤

(1) 将电源置于关闭状态，按表 5.11 中的 I/O 分配表地址自行设计 PLC 接线图，并按图接线，注意：24 V 电源的正负不要短接，电路不要短路，否则会损坏 PLC 触点。

(2) 将电源置于开启状态，PLC 置于 STOP 状态，用计算机或编程器将总程序输入 PLC，输入好程序后将 PLC 置于 RUN 状态。

(3) PLC 运行后，灯光自动开始显示，有时每次一只灯，向上或向下；有时由底层从下向上全部点亮，然后又从上向下熄灭。

(4) 参考图 5.19 选用一种上位机组态软件完成上位机监控界面设计。

(5) 按照实训原理工作方式操作，观察实训现象。

5. 思考题

(1) 如何改变灯光的时间间隔？

(2) 如何使同一种颜色的灯光同时亮灭？

参 考 文 献

[1] 钱晓龙. 循序渐进 Micro800 控制系统[M]. 北京：机械工业出版社，2017.
[2] 钱晓龙. ControlLogix 系统组态与编程：现代控制工程设计[M]. 北京：机械工业出版社，2013.
[3] 王华忠. 工业控制系统及应用 PLC 与组态软件[M]. 北京：机械工业出版社，2016.